云南省科技厅工业领域重大专项（202002AD080047）
泰山学院引进人才科研启动基金项目（Y-01-2020006）
泰安市科技创新发展项目（政策引导类）（2020NS297）
泰安市社会科学课题（21-YB-055）

模型驱动的
软件动态演化过程与方法

谢仲文　著

北　京

冶 金 工 业 出 版 社

2023

内 容 提 要

本书共分为 11 章,主要内容包括绪论、相关研究综述、面向动态演化的需求建模、面向动态演化需求模型的规范化、面向动态演化的体系结构建模、从需求模型到体系结构模型的变换、面向动态演化的行为管程、面向动态演化的构件之间相关性分析、动态演化实施的一致性保持、案例研究、结语。

本书可供高等院校软件工程、计算机科学与技术、系统科学、管理科学与工程等专业的师生阅读,也可供相关科研人员、工程技术人员参考。

图书在版编目 (CIP) 数据

模型驱动的软件动态演化过程与方法/谢仲文著 . —北京:冶金工业出版社,2021.10(2023.8 重印)

ISBN 978-7-5024-8935-9

Ⅰ.①模… Ⅱ.①谢… Ⅲ.①软件工程—研究 Ⅳ.①TP311.5

中国版本图书馆 CIP 数据核字(2021)第 193034 号

模型驱动的软件动态演化过程与方法

出版发行 冶金工业出版社		**电 话** (010)64027926	
地 址 北京市东城区嵩祝院北巷 39 号		**邮 编** 100009	
网 址 www.mip1953.com		**电子信箱** service@mip1953.com	

责任编辑 王 颖 美术编辑 彭子赫 版式设计 禹 蕊
责任校对 梁江凤 责任印制 窦 唯
北京建宏印刷有限公司印刷
2021 年 10 月第 1 版,2023 年 8 月第 2 次印刷
710mm×1000mm 1/16;11.75 印张;228 千字;177 页
定价 99.90 元

投稿电话 (010)64027932 投稿信箱 tougao@cnmip.com.cn
营销中心电话 (010)64044283
冶金工业出版社天猫旗舰店 yjgycbs.tmall.com
(本书如有印装质量问题,本社营销中心负责退换)

前　言

随着软件工程学科的不断深入和发展，软件演化的重要性和普适性越来越强。软件演化是指软件进行变化并达到人们所希望的形态的过程，分为静态演化和动态演化两种类型，本书重点关注软件动态演化。一方面，软件动态演化已成为软件生存周期中重要的形态之一，成为今天软件工程研究的关键领域；另一方面，关于软件动态演化的研究依然面临着诸多的挑战和困难。因此，针对软件动态演化所面临的挑战，研究如何提高软件系统的动态演化性，进而提高软件动态演化实施的可靠性，具有重要的理论和现实意义。本书致力于建立一种系统性的应对软件动态演化的建模理论，该理论以软件需求模型为驱动，以体系结构模型为视图，以行为管程机制为支撑，以解决动态演化面临的关键挑战为导向，以形式化方法为基本手段。

基于有关研究工作，作者编写了本书。本书的主要内容包括七个部分：第一，设计了面向动态演化的需求元模型；第二，提出了将需求模型规范化的方法；第三，设计了面向动态演化的体系结构元模型；第四，提出了将需求模型变换为软件体系结构模型的方法；第五，提出了面向动态演化的行为管程机制；第六，提出了基于行为管程机制的构件相关性分析方法；第七，提出了构件动态演化实施中的一致性保持标准。本书的工作将对提高软件动态演化的效率和质量、降低其成本和减少时间起到积极的作用。

在本书出版之际，作者向在求学和研究过程中的导师表示最崇高的敬意和深深的谢意：中国旅游研究院戴斌教授和唐晓云研究员、云南大学李彤教授，他们的无私指导让作者走上研究之路，他们的学术思想让作者终身受益。此外，作者还要特别感谢泰山学院王雷亭副校长和彭淑贞副校长，泰山学院旅游学院杨德福书记、魏云刚副院长、史卫东副院长、房玉东副书记、吕臣副院长和丁敏副院长，他们对作者从事的研究工作给予了长期关心和大力支持。

　　本书内容所涉及的研究得到了泰山学院引进人才科研启动基金项目（Y-01-2020006）、泰安市科技创新发展项目（政策引导类）（2020NS297）、泰安市社会科学课题（21-YB-055）、云南省科技厅工业领域重大专项（202002AD080047）的资助，在出版过程中得到了冶金工业出版社的大力支持，在此一并表示衷心感谢。

　　由于作者水平所限，书中不足之处，恳请广大读者、专家和同行批评指正。

作　者

2021 年 6 月

目　　录

第一章　绪论 ……………………………………………………………… 1

第一节　研究背景 ………………………………………………………… 1
一、新形势下的软件自动化 …………………………………………… 1
二、软件发展构件化 …………………………………………………… 2
三、软件演化动态化 …………………………………………………… 3
第二节　研究动因 ………………………………………………………… 3
一、动态演化面临的"挑战" ………………………………………… 4
二、现有的典型研究成果的应对方法与不足 ………………………… 5
第三节　拟提出的应对之道 ……………………………………………… 6
一、以需求模型为驱动 ………………………………………………… 7
二、以体系结构模型为视图 …………………………………………… 7
三、以行为管程为支撑 ………………………………………………… 7
四、以解决动态演化面临的挑战为导向 ……………………………… 8
五、以具有严格数学基础的形式化方法为基石 ……………………… 8
第四节　研究意义和创新点 ……………………………………………… 8
一、理论意义 …………………………………………………………… 9
二、实际意义 …………………………………………………………… 9
三、创新点 ……………………………………………………………… 9
第五节　全书组织结构及其内部关系 …………………………………… 10
一、组织结构 …………………………………………………………… 10
二、各章之间的关系 …………………………………………………… 10

第二章　相关研究综述 …………………………………………………… 12

第一节　软件演化综述 …………………………………………………… 12
一、软件演化的概念 …………………………………………………… 12
二、软件演化的分类 …………………………………………………… 13
三、静态演化 …………………………………………………………… 14
四、动态演化 …………………………………………………………… 14

第二节　软件需求建模综述 ……………………………………… 15

　一、需求建模概述 ……………………………………………… 16

　二、面向特征的需求建模方法 ………………………………… 16

第三节　软件体系结构综述 ……………………………………… 17

　一、体系结构的概念 …………………………………………… 17

　二、非形式化的体系结构建模 ………………………………… 19

　三、形式化的体系结构建模 …………………………………… 20

第四节　进程代数 ………………………………………………… 21

第五节　Petri 网 ………………………………………………… 25

第六节　综述小结 ………………………………………………… 27

第三章　面向动态演化的需求建模 …………………………… 28

第一节　面向动态演化需求建模的思路与框架 ………………… 28

　一、面向动态演化的需求元模型的设计思路 ………………… 29

　二、面向动态演化的需求元模型的框架 ……………………… 30

第二节　面向动态演化的行为特征建模 ………………………… 30

　一、计算行为特征 ……………………………………………… 31

　二、交互行为特征 ……………………………………………… 33

　三、行为特征 …………………………………………………… 35

　四、行为特征元模型的操作语义 ……………………………… 37

第三节　从面向动态演化的属性特征建模 ……………………… 38

　一、属性特征 …………………………………………………… 39

　二、面向动态演化建模的一个重要属性特征 ………………… 40

第四节　面向动态演化的需求模型 ……………………………… 41

　一、需求元模型对需求建模要求的支持 ……………………… 42

　二、需求模型小结 ……………………………………………… 42

第四章　面向动态演化需求模型的规范化 …………………… 43

第一节　行为特征模型的规范化 ………………………………… 43

　一、行为特征规范化的要求 …………………………………… 43

　二、行为特征的规范形 ………………………………………… 44

　三、行为特征元模型的公理系统 ……………………………… 48

　四、行为特征可规范化的完备性定理 ………………………… 50

第二节　属性特征模型的规范化 ………………………………… 51

　一、属性特征模型规范化的要求 ……………………………… 52

二、需求模型的参照完整性 ·············· 52

三、需求模型的依赖一致性 ·············· 53

四、需求模型的互斥一致性 ·············· 54

五、属性特征模型范式 ·············· 55

六、小结 ·············· 60

第五章　面向动态演化的体系结构建模 ·············· 61

第一节　面向动态演化体系结构建模的思路与框架 ·············· 61

一、面向动态演化的体系结构元模型的设计思路 ·············· 62

二、面向动态演化的体系结构元模型的框架 ·············· 63

第二节　静态视图建模 ·············· 64

一、构件 Petri 网结构 ·············· 64

二、构件 ·············· 65

三、连接件 ·············· 68

第三节　动态视图建模 ·············· 71

一、动态构件系统 ·············· 72

二、动态体系结构 ·············· 72

第四节　动态演化建模 ·············· 74

一、构件的结构演化 ·············· 74

二、连接件的添加、删除 ·············· 75

三、构件的替换、添加和删除 ·············· 75

四、体系结构元模型对建模要求的支持 ·············· 76

五、小结 ·············· 77

第六章　从需求模型到体系结构模型的变换 ·············· 78

第一节　基本变换 ·············· 78

一、原子计算行为特征的变换 ·············· 80

二、主动特征和被动特征的变换 ·············· 81

第二节　组合和复合的变换 ·············· 81

一、顺序组合的变换 ·············· 82

二、选择组合的变换 ·············· 83

三、迭代组合的变换 ·············· 84

四、并行复合的变换 ·············· 85

第三节　变换中的抽象与细化 ·············· 86

一、抽象 ·············· 86

　二、细化 …………………………………………………………… 87

第四节　变换得到的体系结构模型的结构性质要求 ………………… 88

　一、构件的结构性质要求 ………………………………………… 88

　二、体系结构的结构性质要求 …………………………………… 90

　三、小结 …………………………………………………………… 91

第七章　面向动态演化的行为管程 ……………………………………… 92

第一节　行为管程概述 ……………………………………………… 93

　一、行为管程的概念 ……………………………………………… 93

　二、行为管程在动态演化实施中所处的位置 …………………… 94

第二节　行为管程的管理职能 ……………………………………… 95

　一、行为管程的托肯管理 ………………………………………… 95

　二、行为管程的库所管理 ………………………………………… 96

　三、行为管程的变迁管理 ………………………………………… 98

第三节　行为管程的监控职能 ……………………………………… 99

　一、行为管程的监视职能 ………………………………………… 99

　二、行为管程的控制职能 ………………………………………… 100

第四节　行为管程的演化职能 ……………………………………… 102

　一、驱动构件进入静止管理态 …………………………………… 102

　二、驱动构件进入活动管理态 …………………………………… 103

　三、连接件添加操作 ……………………………………………… 104

　四、连接件删除操作 ……………………………………………… 105

　五、构件添加操作 ………………………………………………… 105

　六、构件删除操作 ………………………………………………… 106

　七、小结 …………………………………………………………… 107

第八章　面向动态演化的构件之间相关性分析 ……………………… 108

第一节　相关性分析分类 …………………………………………… 108

第二节　构件之间的结构相关性分析 ……………………………… 109

　一、基本结构相关性 ……………………………………………… 109

　二、复合结构相关性 ……………………………………………… 115

第三节　构件之间的行为关系及其相关性分析 …………………… 119

　一、结构相关性对行为相关性的作用 …………………………… 119

　二、行为相关性的部分传递性处理 ……………………………… 123

　三、构件行为相关性分析 ………………………………………… 128

四、小结 ……………………………………………………… 132

第九章　动态演化实施的一致性保持 ……………………………… 133

第一节　一致性的定义 ……………………………………… 133

第二节　构件状态迁移 ……………………………………… 134

一、构件的状态保存 ……………………………………… 134

二、基于库所映射方案的托肯更新 ……………………… 135

三、构件的状态恢复 ……………………………………… 136

第三节　构件的行为空间和行为图 ……………………… 137

一、构件的行为空间 ……………………………………… 137

二、构件的行为图 ………………………………………… 138

第四节　一致性保持 ………………………………………… 139

一、构件的内部一致性保持 ……………………………… 139

二、构件的外部一致性保持 ……………………………… 142

三、小结 …………………………………………………… 147

第十章　案例研究 …………………………………………………… 148

第一节　面向动态演化的需求建模 ……………………… 148

一、行为特征建模 ………………………………………… 148

二、属性特征建模 ………………………………………… 150

三、需求模型及其规范化 ………………………………… 151

第二节　面向动态演化的体系结构建模 ………………… 152

一、体系结构建模 ………………………………………… 153

二、构件建模 ……………………………………………… 154

第三节　动态演化实施分析 ……………………………… 157

一、相关性分析 …………………………………………… 158

二、一致性保持 …………………………………………… 161

三、小结 …………………………………………………… 165

第十一章　结语 ……………………………………………………… 166

一、主要研究总结 ………………………………………… 166

二、未来展望 ……………………………………………… 170

参考文献 ……………………………………………………………… 171

第一章 绪 论

本章主要介绍研究背景，说明研究目的和意义，阐明研究思路与方法，展示研究框架和内容，并提炼创新点和不足之处。

第一节 研究背景

软件工程（software engineering）是应用计算机科学理论和技术以及工程管理原则和方法，按照预算和进度，实现满足用户要求的软件产品的定义、开发、发布和维护的工程或以之为研究对象的学科（杨芙清，2005）。

软件工程作为一门独立的学科发展至今，已历时 50 余年。软件工程登上科学技术的历史舞台的标志性事件，是 1968 年在联邦德国召开的 NATO（北大西洋公约组织）会议，正是在那次会议上，"软件工程"被首次正式提出。

50 余年来，科学家和研究者在软件工程的理论和实践方面都取得了长足的进步，在指导软件开发和维护、管理和改进软件过程、防范软件项目风险、开发软件工程环境和工具等方面取得巨大的成就，提高了软件生产率和软件产品质量。互联网的快速发展为信息技术与应用提供了更为广阔的空间，同时也为传统的软件开发理论、方法和技术带来了一系列的挑战（梅宏，2010）。

一、新形势下的软件自动化

软件工程的目标是提高软件生产率和软件产品质量（R. S. Pressman，2000）。软件自动化是提高软件生产率的根本途径，同时它也有助于提高软件质量（徐家福，1988）。

广义的软件自动化指的是，尽可能借助计算机系统实现软件开发；狭义的软件自动化指的是，从形式的软件功能规格说明到可执行的程序代码这一过程的自动化（徐家福，1988）。从软件过程的角度，如果一个软件开发过程完全由计算机自动执行，就是实现了软件开发过程自动化（李彤，2003）。可见，传统意义下的软件自动化的关注点都在"软件开发"上，即追求软件开发的自动化。

本书主要对新形势下的软件自动化进行简要探讨。所谓新形势，主要是指基于网络的信息系统的规模尺度和复杂程度的剧增，下一代信息网络的发展和逐渐成熟的网格技术，软件中间件、预购件、Agent 技术的逐渐成熟和 Entity、

Ontology 等概念的发展（张帆，2009），面向服务计算的不断成熟和广泛应用（M. P. Papazoglou，2007；M. N. Huhns，2005），云计算概念的提出和发展（Christina Hoffa，2008；D. S. Linthicum，2010）。

纵观这些新形势下的概念、方法、理论和技术，其实质都是在应对软件复杂程度不断提高的同时，也同步提高软件自动化的程度。而且它们所采取的技术和手段都有着共同的基础：软件复用和软件演化。软件复用是避免重复劳动、提高软件质量和生产效率的解决方案（杨芙清，1999）；软件演化是软件系统在软件生命周期中维持和增强的动态行为（L. A. Belady，1976；王怀民，2011）。

可见，在新形势下软件自动化将不再局限于软件开发的自动化，它将被赋予新的含义。而且，这个软件自动化的新含义，是对传统意义上的软件自动化的继承和拓展，即新形势下软件自动化不仅包含软件开发的自动化，还包含软件复用的自动化，以及软件演化的自动化。

参照文献（徐家福，1988）对传统的软件自动化的经典描述，本书对新形势下的软件自动化的描述也包含广义理解和狭义理解。新形势下软件自动化的广义理解指的是，尽可能借助计算机系统，实现软件开发、软件复用和软件演化；狭义理解指的是，实现软件开发过程、软件复用过程和软件演化过程的自动化。

当然，实现新形势下的软件自动化任重而道远，毕竟传统意义下狭义的软件自动化都尚未实现。但是，新形势下的软件自动化却为我们的研究在宏观上确立了目标并指明了方向。

二、软件发展构件化

从软件诞生至今，软件范型经历了几次大的转变：从单一问题的解决方法到结构化程序设计方法，从面向过程范型到面向对象范型，再到面向构件的范型和面向服务的范型（何克清，2008）。面向构件的范型自 20 世纪 90 年代后期起得到了广泛的关注和迅速的发展，出现了构件服务化的趋势（黄柳青，2006）。可见，面向服务的范型是面向构件的范型的自然延伸。

构件是软件的粒子单元，具有一定的功能，它使用一组规则和接口规范来处理构件之间的交互（C. Szyperski，1997）。由于构件可以由第三方独立开发、部署和组合，具有很大的灵活性，因而使用软件构件技术可以很方便地进行构件的替换和升级，易于实现软件复用（杨芙清，1999）。随着构件技术的不断发展，构件技术已经与分布式计算、嵌入式计算以及移动计算等紧密结合，呈现出软件构件化的发展趋势（吴卿，2010）。此外，无论软件系统多么复杂，从软件体系结构的观点出发，软件系统都是由构件依据一定的规则通过连接件连接而成，这也是随着软件系统的日趋复杂，软件发展构件化的趋势日趋显现的内在因素。

在新形势下，我国学者于 2002 年正式提出网构软件（Internetware）的概念

（杨芙清，2002）。目前，网构软件的研究已取得一些进展，其中包括建立一种基于实体主体化、构件化、服务化以及实体间开放按需协同的网构软件模型等（吕建，2006；常志明，2008）。可见，网构软件依然是一种构件化和服务化的新型软件形态。因此，在新形势下，软件依然朝着构件化的方向继续发展。

为适应软件发展构件化的趋势，本书所述的软件指的是基于构件的软件系统。

三、软件演化动态化

软件演化（software evolution）现象从 20 世纪 60 年代发现以来，一直受到人们的关注（S. Cook，2006）。随着软件工程学科的不断深入和发展，软件演化的重要性和普适性越来越强（Li Tong，2008）。历时 22 年总结出的 Lehman 定律论证了软件系统必定是不断演化的（M. M. Lehman，1996，1997）。

软件演化的概念已历经多次大的转变：从最初的软件维护，到再工程和重构等概念的提出，目前软件演化的研究重点已从软件静态演化转移到动态演化（M. W. Godfrey，2008；H. Yang，2003；王炜，2009；李长云，2005）。静态演化（static evolution）是指软件在停机状态下的演化，动态演化（dynamic evolution）是指软件在执行期间的软件演化，动态演化是更复杂也是更有意义的演化形式（李长云，2007；刘奕明，2008）。动态演化的复杂性体现在需要处理状态迁移等问题，其优点主要体现在具有持续可用性（李长云，2005；刘奕明，2008）。可见，随着时间的推移，对软件动态演化的需求越来越多，软件演化越来越呈现出动态化。

在新形势下，软件演化继续朝着动态化的方向发展，表现在：动态演化性是网构软件的基本特征，动态演化技术是网格计算的基础，追求动态演化能力是自治计算的目的，互联网需要软件动态演化等方面（李长云，2007）。

软件演化动态化的趋势，使得软件动态演化的重要性凸显，因而软件动态演化作为一个研究难点的同时，也成为学术界的一个研究热点。

第二节 研究动因

目前，围绕软件动态演化，动态配置是动态演化实施的主要手段和活动（T. Mens，2003；李长云，2007）。动态演化包括预设的动态演化和非预设的动态演化，与之相对应，动态配置的实现模式也有两种：编程模式和进化模式（T. Mens，2003）。预设的动态演化是可以被设计和开发人员所预见的演化，这与现实中"明确的软件演化需求和具体的软件演化方案往往是很难预见的"这一情况相违背，从而导致缺乏普适性；现实中往往只能做到区分稳定和易变的需求，而对易变的需求具体如何变化却常常束手无策。因此本书关注的动态演化主要指非预设的动态演化，动态配置主要指进化模式的动态配置，若无特别说明，本书提到的动态演化都是非预设的，动态配置都是进化模式。

一、动态演化面临的"挑战"

动态配置的目标在于支持系统在运行时刻以尽可能小的代价从一个配置状态演化到另一个配置状态，即系统中不受影响的部分仍然可以继续提供服务，而系统中受动态配置影响的部分（是一个构件和连接件的集合）则必定会被影响而无法正常工作（窦蕾，2005；余萍，2006；李长云，2006）。因此，实施动态演化必须尽可能提高动态配置实施的性能，降低动态演化实施的影响范围，减小对处于运行状态系统的影响。考虑到对于动态演化，目前仍然没有一个被普遍接受的演化解决方案（李长云，2007；刘奕明，2008），软件动态演化依然面临着一系列的"挑战"，本书重点关注以下"挑战"，并试图在解决这些挑战性问题中取得进展。

（1）构件之间的行为相关性问题（王炜，2009；李长云，2005；李玉龙，2008）。由于软件系统往往处于一个复杂的、协同工作的计算平台，因此在对一个构件实施动态演化时，往往导致与其"行为相关"的其他构件受到影响。该问题可以进一步分解为两个子问题：第一，为了保证动态演化实施过程中的可靠性，必须从待演化构件出发，通过行为相关性分析，得到与其行为相关的构件集合，然而由于软件系统的复杂性和协同性以及运行时的动态性，行为相关性分析往往显得困难；第二，由于构件之间存在大量的交互，目前行为相关性分析的结果往往是一个很大的构件集合，即说明对一个构件进行演化往往会影响到系统中数目众多的构件，这往往造成了动态演化的代价过高问题，因此如何管理行为相关性，进而控制动态演化的波及范围是一个必须面对的挑战。

（2）动态演化实施前后的内部一致性保持问题（K. Moazami‐Goudarzi，1999；窦蕾，2005；李长云，2007）。能否保证系统一致性，是衡量动态演化是否正确的一个重要标准。但目前关于系统一致性的定义并不统一，关于系统一致性的保障机制和方法也相应地存在不足（窦蕾，2005；李长云，2007）。系统一致性可以分为内部一致性和外部一致性。内部一致性主要涉及状态迁移问题，因为对一个构件实施动态演化时，它往往保存着一定的状态信息，当执行到一个断点而中止。当构件被演化后进入软件系统，成为系统的一部分时，它需要恢复状态并从断点继续执行。处理内部一致性问题的主要困难在于：构件被演化之后，构件的内部结构往往发生较大的变化，因此即使演化之前的状态被保存下来，但是如何映射到演化后的构件之中并保证映射的可靠性成为动态演化面临的一个挑战。

（3）动态演化实施前后的外部一致性保持问题（K. Moazami‑Goudarzi，1999；窦蕾，2005；李长云，2007）。与内部一致性相对应，外部一致性主要研究的是演化构件与所处环境之间的一致性，其研究目标在于：对一个构件实施动态演化之后，依赖于"被演化的目标构件"的其他构件（集合），依然可以通过与"演化后的构件"之间的交互，正确实现其功能。与内部一致性不同的是，外部一致性的保持是从构件外部对目标构件进行观察的。关于如何保持外部一致性，目前尚缺乏被普遍接受的标准，因此该问题也成为动态演化面临的又一个重要挑战。

综上所述，无论是"行为相关性问题"，还是"一致性保持问题"，这些挑战都与软件动态演化实施的可靠性息息相关，其研究目的都是为了保证软件动态演化实施的可靠性提供支持。

二、现有的典型研究成果的应对方法与不足

针对以上问题与挑战，学术界主要从以下几个方面展开工作：程序设计语言、模型、软件体系结构、平台。接下来，结合部分典型工作分析现有研究成果的应对之策与不足之处。

（1）从程序设计语言的角度：研究者希望设计出支持软件动态演化的高级程序设计语言，但程序设计语言层次上的动态演化，由于缺乏专门针对动态演化的方法论的指导，因此往往仅局限于函数、类方法、进程和对象等小粒度的重配置和演化，只支持预设的有限变更（M. Dmitriev，2001）。

（2）从模型的角度，研究者使用了基于 Agent、抽象代数、不动点转移、本体、条件超图等方式构造系统的模型，这些模型因具有严格的形式化基础而能够较好地描述演化，并对演化的波及效应、一致性等进行分析，这些方法为从宏观层面入手分析动态演化奠定了基础，但也存在实现难度高、缺少有效的支持手段等客观因素（常志明，2008；赵会群，2010；王映辉，2004；何克清，2005；徐洪珍，2011）。

（3）从软件体系结构的角度：研究者主要通过构建体系结构模型或体系结构描述语言来支持动态演化，也有学者开创性地构建了运行时软件体系结构对象，但考虑到软件演化本质上是由需求驱动的，仅关注体系结构和构件层次的动态演化由于缺乏系统性往往无法适应快速、灵活的需求变更，导致体系结构和需求之间无法建立映射机制以共同应对动态演化（F. Kon，2000；李长云，2006，2006a；刘奕明，2008）。

（4）从平台的角度：研究者希望通过构建适合动态演化的运行环境来支持动态演化；但是，平台作为一个支持动态演化的环境和工具，需要动态演化相关成熟的研究成果的支撑，而这一条件目前尚未完全成熟。因此，从平台的角度只

能在一定程度上缓解目前动态演化中遇到的困难和问题，而无法根本性解决问题。当然，若能在理论和技术上全面解决目前所遇到的挑战，然后在此基础上研发相应的支撑平台，则将会对软件的动态演化产生巨大的推动作用（E. Bruneton，2004；G. Coulson，2002；黄罡，2004；马晓星，2005）。

综上所述，已有研究成果在软件动态演化的理论、方法和技术方面取得了诸多进展。但受制于客观因素，目前面对软件动态演化所面临的问题与挑战，现有研究成果尚存在着不足和进一步完善的空间。

第三节 拟提出的应对之道

综上所述，本书作者认为，造成以上问题的原因主要可以归结为以下 3 个方面。

首先，待演化系统的可演化性不高，尤其是动态演化性不高。主要表现在两个方面：第一，系统在设计和开发时对动态演化考虑不足；第二，需求的快速变化使得软件系统无法适应，需求与待演化的部件之间缺乏可追踪性。

其次，软件动态演化实施的可操作性不高，尤其是非预设的动态演化实施较为困难。主要表现在：第一，主流平台通常只提供对软件开发和系统运行方面的支持，缺少对动态演化的有效支持；第二，已有部分支持动态演化的原型系统，但往往仅限于实验室环境，缺少普及，并与普遍存在的待演化系统之间无法匹配。

最后，软件动态演化实施的可靠性无法保证。主要表现在：（1）"行为相关性问题"和"一致性保持问题"等挑战目前尚没有被普遍接受的解决方案；（2）待演化系统的演化性不高、动态演化实施的可操作性不高等问题进一步使得可靠性问题更加复杂和难以解决。

可见，软件动态演化所面临的问题与挑战并非可以孤立地从一个角度去寻求解决的问题；而是需要从软件的整个生命周期着手，需要一整套系统和完整的理论、方法和技术来支撑。

因此，针对以上 3 个方面的原因，在现有研究成果的基础上，本书拟提出一套面向动态演化的建模方法，该方法从 3 个角度，分别对应前面 3 个原因，提出一种系统化应对软件动态演化的方法。

首先，针对待演化系统的动态演化性普遍不高这一问题，从软件系统建模的角度，提出面向动态演化的软件需求和体系结构元模型，进而提高所建立的软件模型的动态演化性。高动态演化性的软件模型的建立，使得在需求建模和体系结构设计等阶段就充分考虑动态演化的相关因素，就对相关性进行管理，就对一致性进行分类，为最终动态演化实施的可靠性问题的解决方案的提出奠定基础。

其次，针对软件动态演化实施的可操作性不高这一问题，提出了面向动态演化的行为管程机制。行为管程机制的提出，一方面，为动态演化实施的可操作性提供了有力的理论支持；另一方面，为"行为相关性"和"一致性保持"问题的解决方案提供了支撑服务。

最后，针对软件动态演化实施的可靠性这一问题，基于所建立的模型和行为管程机制，分别提出动态演化实施过程中的构件相关性分析和一致性保持两大问题的解决方案，为保证动态演化实施的可靠性奠定基础。

因此，在以上讨论的基础上，本书提出的应对之道的要点进一步归结如下：以需求模型为驱动，以软件体系结构为视图，以行为管程为支撑，以解决动态演化面临的挑战为导向，以具有严格数学基础的形式化方法为基本手段。

一、以需求模型为驱动

首先，软件演化是由需求变更驱动的，需求是演化的源头，动态演化当然也不例外。其次，目前在需求工程阶段专门针对动态演化的研究成果尚属鲜见，而动态演化已出现对需求演变应对不足的现象，从体系结构角度研究动态演化也需要需求工程阶段的支持。再次，在网络化、构件化和服务化的背景下，软件工程的重点也在向需求工程转移（何克清，2008）。本书所指的以需求模型为驱动，其含义在于从需求工程阶段起即充分考虑动态演化；其创新在于需求模型中分析和管理相关性；其对下游的支持在于为建立从需求模型到体系结构模型的变换机制奠定基础。

二、以体系结构模型为视图

首先，现有许多基于体系结构的动态演化的研究成果，为进一步研究奠定了基础；其次，体系结构是软件系统的抽象，能清晰、简洁地描述动态演化之中的软件系统的框架，包括描述构件及其交互；再次，软件发展构件化的趋势使得构件日趋成为动态演化的基本部件，同时从体系结构的视角构件和连接件是其最重要的部件；最后，上游需求模型对动态演化的支持，也为体系结构中的构件和连接件的演化提供了依据，使得在体系结构层次的演化有章可循。可见，以体系结构模型为视图进行动态演化的研究合理可行，且是恰当的。

三、以行为管程为支撑

针对"现有主流平台大部分只对软件的开发和运行提供支持、缺乏对动态演化的显式支持"的不足，以及目前对软件的动态演化实施缺少统一的支撑机制的现状，借鉴操作系统领域"管程是对进程同步和资源共享的统一处理机制"，秉承"策略与机制相分离"的原则，在不考虑具体的软件动态演化实施策略的前提下，凝练软件动态演化实施中所必须的基础支撑功能，提供对动态演化实施的普适性支撑机制。管程是一种抽象数据类型，而本书提出的行为管程则是在其基础上的进一步发展，以一系列的服务形式提供，用于对动态演化实施提供强有力的支持。

四、以解决动态演化面临的挑战为导向

本书的一个重要目的是应对动态演化所面临的挑战，因此许多的工作都是以此为导向的。但是对于一个遗产系统（legacy system），可能面临这样的问题：首先，该遗产系统的演化性太差，以至于无法支持动态演化；其次，即使该遗产系统可以被动态演化，但是其相关性散落在整个系统的各个构件，对一个构件进行演化会影响到几乎整个系统，那么其动态演化的意义也将大打折扣；最后，是否存在可以支持该系统进行动态演化实施的基础设施，关系到动态演化的可操作性。正是由于这些原因的存在，本书的方法虽然是以解决挑战为导向，但是却必须追本溯源地以需求模型为驱动，以体系结构模型为视图，以行为管程为支撑。

五、以具有严格数学基础的形式化方法为基石

目前，关于形式化方法有两种理解。第一种，狭义的理解，认为形式化方法是彻底的"符号化+抽象公理化"（王元元，1989；李未，2008）；第二种，广义的理解，也是目前更普遍的理解：形式化方法指有严格数学基础的软件和系统开发方法，可支持计算机系统及软件的规约、设计、验证与演化等活动（M. W. Jeannette，1990；古天龙，2000）。本书所指的形式化方法属广义的理解。第一，本书以进程代数为工具建模需求模型，其优点在于可以利用进程代数良好的代数性质和公理系统进行推理和变换，把不规则的需求描述通过推理变换为规范化的需求模型；第二，以 Petri 网为工具建模软件体系结构，可以充分发挥 Petri 网的优势，用直观的图形描述体系结构；第三，进程代数和 Petri 之间可以较为方便地建立映射机制，从而保证需求模型和体系结构模型之间的可追踪性；第四，Petri 网的真并发、实时性等特性也有助于描述动态演化实施中的变化和状态迁移等现象；第五，由于进程代数和 Petri 都具有严格的数学基础，为整个方法体系的可靠性奠定了基础。

第四节　研究意义和创新点

本书的研究意义包括理论意义和实际意义两个方面。

一、理论意义

（1）针对目前需求工程阶段对软件动态演化考虑不足的现状，本书提出从需求工程阶段即可有效支持软件动态演化的需求元模型，是对现有需求工程理论研究的有益补充。

（2）为了解决在动态演化时体系结构与演化需求无法对应的问题，本书提出从需求模型到体系结构模型的变换方法，该方法保证了需求模型与体系结构模型之间的可追踪性。

（3）针对动态演化所面临的关键挑战，本书对构件的行为相关性分析进行了研究，并提出了保持动态演化一致性的方法，为从理论层次解决软件动态演化实施的可靠性问题奠定了基础。

二、实际意义

（1）从软件动态演化的角度：对软件系统进行动态演化是目前许多系统的迫切需求，本书的研究有利于提高软件动态演化的质量和效率。

（2）从软件系统开发的角度：本书提出的方法在需求工程和体系结构设计两个重要阶段支持动态演化，对设计和开发具有高演化性的软件系统具有指导意义。

（3）从运行环境开发的角度：本书提出的行为管程机制，对支持动态演化的运行环境开发具有参考价值。

三、创新点

（1）分别以 ACP 和 Petri 网为形式化工具，专门针对软件动态演化，以提高所建模型的演化性为目标，设计了需求元模型和体系结构元模型。目前虽有许多关于需求和体系结构建模的研究成果，但专门针对动态演化的类似成果尚属鲜见。

（2）对行为特征模型和属性特征模型分别提出其规范化方法，其中，对行为特征模型提出了通过等式变换进行规范化的方法，对属性特征模型提出了从第一范式到第四范式的概念及其变换算法。

（3）秉承"策略与机制相分离"的原则，凝练软件动态演化实施时必须的基础支撑功能，提出行为管程机制，为动态演化的实施提供强有力的支持。

（4）对于构件之间的行为相关性分析，在分析构件之间的结构相关性的基础上，通过行为管程机制对主动库所加以控制，进而在封闭系统和开放系统两个层次进行构件的行为相关性分析。

第五节　全书组织结构及其内部关系

本节首先简要介绍全书的组织结构，然后讨论章节之间的内部关系。

一、组织结构

第一章，绪论。总领全文，对研究背景、动因、应对之道、研究意义、创新点等进行概述。

第二章，相关研究综述。简要介绍本书涉及的相关研究基础，主要包括进程代数和 Petri 网，为后续章节提供形式化工具和奠定理论基础。

第三章，面向动态演化的需求建模。针对动态演化，设计了一个面向动态演化的需求元模型。

第四章，面向动态演化需求模型的规范化。提出了对需求模型进行规范化的方法，为从需求模型向体系结构模型的变换做好了准备工作。

第五章，面向动态演化的体系结构建模。针对动态演化，设计了一个面向动态演化的体系结构元模型。

第六章，从需求模型到体系结构模型的变换。从行为的视角，提出了一种将需求模型变换为体系结构模型的方法。

第七章，面向动态演化的行为管程。为了有力支持动态演化的实施，提出行为管程机制，凝练了软件动态演化实施中所必须的基础支撑功能。

第八章，面向动态演化的构件之间相关性分析。从结构相关性、封闭系统的行为相关性、开放系统的行为相关性 3 个层次对相关性进行了讨论。

第九章，动态演化实施的一致性保持。分别讨论了动态演化实施中的构件状态迁移、内部一致性保持、外部一致性保持等问题。

第十章和第十一章是案例研究、总结与展望。

二、各章之间的关系

本书各章之间的关系进一步描述如下：

第一、二章为绪论和相关综述。

第三至六章为一个部分，这四章的内容以建立具有"高动态演化性"的软件模型为目标，在需求分析和体系结构建模两个阶段充分考虑和分析动态演化，不仅提高了待演化系统的动态演化性，而且保持了需求和待演化的部件之间的可追踪性，使得建立的软件模型的动态演化更容易实施，即提高待演化系统的动态演化实施的可操作性。

第七章起到承上启下的作用：一方面，面向动态演化的行为管程机制为软件动态演化实施提供支持，为动态演化的可操作性提供理论基础；另一方面，行为管程机制为软件动态演化实施的可靠性提供了有力的支持，相关性分析和一致性保持都需要使用到行为管程提供的支持手段。

第八章和第九章分别对应"相关性分析"和"一致性保持"两大挑战，在行为管程机制的支持下，对具有"高动态演化性"的软件模型，提出"相关性分析"和"一致性保持"的解决方案，为保证软件动态演化实施的可靠性奠定基础。

第十章和第十一章是案例研究和工作总结。

需要说明的是，本书虽然在第八章和第九章才真正着手解决"相关性分析"和"一致性保持"两大挑战，但这两大挑战作为两条主线，贯穿研究内容的始终，主要体现在：首先，在需求建模时就对相关性进行管理，对计算和交互进行相对隔离，这使得需求建模能够对"相关性分析"和"一致性保持"两大问题的解决提供支持；其次，需求建模中对两大问题的支持手段在体系结构建模中得到继承和延续，使得"动态演化视图"（即软件体系结构模型）也能有效支持两大问题的解决；再次，在行为管程机制中提出对动态演化实施、相关性分析、一致性保持等的普适性支撑机制（如驱动构件进入静止态、活动态，对主动库所的管理，库所和变迁的互斥控制等），为最后的解决方案提供支持；最后，对两大挑战的解决正是建立在以上各个部分的研究内容的基础之上，提出了解决方案。

第二章　相关研究综述

本章对本书研究所涉及的相关工作、研究基础进行综述，为后续章节的论述奠定基础。

第一节　软件演化综述

本节将首先对软件演化的概念进行阐述，在此基础上介绍软件演化的分类，并分别对静态演化和动态演化进行综述。

一、软件演化的概念

随着越来越多的成功软件系统变成了遗产系统（legacy system），软件演化作为一个新兴研究方向越来越受到关注。20 年前，软件仅仅偶尔进行改进，平均每年推出一个发行版本，人们用术语"维护"来描述怎样让软件保持正常工作；10 年前，很多成功的软件系统仅仅使用简单的"维护"已不能保持正常的工作，它们成了遗产系统，需要实施软件"再工程"（reengineering）（H. Yang，2003；Bianchi，2003）。软件再工程每年进行一二次（H. Yang，2003）；今天，软件的提交形态已从产品形态向服务形态转换，软件需要根据用户的需求和技术的变化不断改变。这种改变的频率越来越高，推动软件从低级走向高级，从幼稚走向成熟。此时，人们用术语"演化"（evolution）来描述这种不断地改变（H. Yang，2003；Bianchi，2003）。软件演化（software evolution）指在软件系统的生命周期内持续的软件维护和软件更新的行为和过程（Lehman，2003）。

从软件演化的概念来看，软件演化和软件维护有着密切的联系，但二者有着本质的区别。软件维护通常被定义为软件产品发行以后软件系统或其部件的修改过程，用来纠正错误、改善性能或修改其属性，或者使产品适应改变了的环境（何进，2005）。从这个定义可以看出，软件维护主要是指在软件维护阶段的修改活动。而软件演化则是着眼于软件的整个生命周期，从系统功能行为的角度来观察系统的变化，这种变化是软件的一种向前的发展过程，主要体现在软件功能不断完善。在软件维护期，通过具体的演化算法可以使得系统不断向前演化。因此，软件维护和软件演化可以归结为这样一种关系：前者是后者特定阶段的活动，并且前者直接是后者的组成部分。

　　在基于构件的开发方法（CBD）中软件开发不再是算法+数据结构，而是构件开发+基于体系结构的构件组装。在此背景下，软件演化可近似认为是组成系统的构件随着软件功能变更、环境因素变化而进行的增加、替换、删除、重组和拆分等一系列操作，最终将归结为修改构件和构件之间的关系（H. Yang，2003）。

　　Belady 和 Lehman（Belady，1976）给出了 5 条软件演化规则，它们分别是连续变化、不断增加的复杂性、程序演化的基本规则、保持组织稳定和保持相似性。

二、软件演化的分类

　　软件演化基本上可分为两种：静态演化和动态演化（T. Mens，2003；K. Bennett，2000；Katrina Falkner，2004；Eduardo Sanchez，1999）。静态演化（static evolution）是指软件在停机状态下的演化。其优点是不用考虑运行状态的迁移，同时也没有活动的进程需要处理；然而停止一个应用系统就意味着中断它提供的服务，造成软件服务暂时失效，甚至经济的损失。动态演化（dynamic evolution）是指软件在执行期间的软件演化。其优点在于软件不会存在暂时服务失效，能够进行动态演化的软件系统有持续可用性的明显优点；但由于涉及动态装填和服务迁移等问题，动态演化从技术上来说比静态演化更困难（D. Acemoglu，2001）。

　　按照演化发生的时机，软件系统演化又可以分为以下几类（李长云，2007）：（1）设计时演化：设计时演化是指在软件编译前，以修改软件设计、源代码，重新进行编译、部署的方式进行的演化。设计时演化是目前在软件开发实践中应用最广泛的演化形式。（2）装载时演化：装载时演化是指在软件编译后、运行前进行的演化。变更发生在运行平台装载代码期间。因为系统尚未开始运行，这类演化不涉及系统状态的维护问题。（3）运行时演化：发生在程序执行过程中的任何时刻，部分代码或者对象在执行期间被修改。这种演化是研究领域的一个热点问题。

　　显而易见，设计时演化是静态演化，运行时演化是一种动态的演化，而装载期间的演化既可以被看成静态演化也可以看成动态演化，取决于它怎样被平台或者提供者使用。

　　另外，演化可以是预设的和非预设的（李长云，2007）：（1）预设演化是可以被开发人员所预见的演化。例如，插件技术就是一种允许程序员和维护人员在不更改应用程序核心部分的前提下扩展系统功能的机制。其优点是它可以提供依赖于软件动态演化机制下简单的卸载机制，同时也可以提供依赖于静态演化下的API；缺点是对一些可能的变更缺少适应性；（2）非预设演化是指不能被开发人员所预见的那些演化。变更必须得到语言或者是执行平台的支持。其优点是包含了更多可能的演化，缺点是仍然没有一个被普遍接受的演化解决方案。

本书更关注于非预设的动态演化，也就是说我们想要得到一个在运行期间不受演化可能性限制的演化系统。

三、静态演化

软件静态演化是指发生在应用程序停止时的软件修改和变更，意即一般意义的软件维护和升级。静态演化的好处是没有状态迁移或活动线程的问题要解决，缺陷是停止应用程序意味着停止它所提供的服务，也即暂时失效（李长云，2007）。

在软件交付之后，静态演化（软件维护）就成为软件变更的一个常规过程。变更既可以是一种更正代码错误的简单变更，也可以是更正设计错误的较大范围的变更，还可以是对描述错误进行修正或提供新需求这样的重大改进。有 3 种不同的软件维护：改正性维护、适应性维护和完善性维护。维护过程一般包括变更分析、版本规划、系统实现和向客户交付系统等活动。传统的业务过程再工程属于静态演化的范畴（R. S. Pressman，2000）。业务过程再工程定义业务目标，识别和评估现有的业务过程，并对业务过程进行修订，以更好地满足当前的业务目标。软件再工程过程包括库存目录分析、文档重构、逆向工程、程序和数据重构，以及正向工程。这些活动的意图是创建具有更高质量和更易维护的现有程序的新版本。相对而言，本书更加关注动态演化，而静态演化的相关理论和技术为动态演化的实施奠定了基础（Eduardo Sanchez，1999）。

四、动态演化

动态演化是指软件在运行期间的演化（M. Oriol，2004）。在许多重要的应用领域中，例如金融、电力、电信及空中交通管制等，系统的持续可用性是一个关键性的要求，运行时刻的系统演化可减少因关机和重新启动而带来的损失和风险。此外，越来越多的其他类型的应用软件也提出了运行时刻演化的要求，在不必对应用软件进行重新编译和加载的前提下，为最终用户提供系统定制和扩展的机制（李长云，2005）。总而言之，运行时刻的系统演化可减少因关机和重新启动等因素带来的损失和风险。

动态演化比静态演化更为复杂，为支持软件的动态演化性，人们也已在语言、机制和环境等方面做了大量工作（李长云，2005）。在程序语言的层次上，引进各种机制以支持软件动态演化，例如动态装载技术允许增加代码到已运行的程序中，延迟绑定是在运行时而不是编译时决定类和对象的绑定。Java hotswap 允许在运行时改变方法：当一个方法终止时这个方法的新版本可以有效地替换旧版本，在类层次上代码的二进制兼容被支持（M. Dmitriev，2001）。Gilgul 语言也允许更换运行时对象（P. Costanza，2001）。但程序语言层次上的动态演化机制仅局限于函数、类方法和对象等小粒度的替换，只支持预设的有限变更，变更由事件触发（李长云，2005）。在模型层次上，王映辉等是国内较早进行动态演化研究的学者，他们通过不动点转移、动态语义的润湿理论等对 SA 模型的动态演化及波及效应进行了分析（王映辉，2004）；常志明等提出了基于 Agent 的网构软件模型，该模型具有动态演化性、反应性、自适应性等区别于传统软件的特性（常志明，2008）；赵会群等提出了面向服务的可信软件体系结构代数模型，该模型通过进程代数的运算来描述演化，进而分析演化的相关性质（赵会群，2010）。在体系结构层次，李长云对基于体系结构的软件动态演化进行了较为深入和系统的研究，提出了基于体系结构空间的软件模型 SASM，并设计了 SASM 的支撑平台（李长云，2005）；徐洪珍等基于条件超图文法对软件体系结构的动态演化进行分析，并研究了在条件超图文法下的一致性保持问题（徐洪珍，2011）。此外，通过标准化运行级构件的规约，依靠构件运行平台（中间件平台）提供的基础设施，使软件在构件层次上的动态演化成为可能。中间件中具有的如命名服务、反射技术和动态适配机制等允许为运行态构件的动态替换和升级提供支撑，推动了软件的动态演化发展（胡海洋，2005；A. Ghoneim，2004）。进一步，软件构件化技术使得软件具有良好的构造性，软件演化的粒度更大，中间件技术则为基于构件的软件动态演化提供了坚实的基础设施和方便的操作界面（李长云，2005）。

总而言之，动态演化是最复杂也是最有实际意义的演化现象。支持动态演化的软件系统能够在运行过程中根据应用需求或环境变化，动态地实施演化活动，从而达到以重配置、维护和更新为目标的演化意图。软件系统动态演化性的表现形式包括系统元素数目的可变性、结构关系的可调节性和结构形态的动态可配置性。软件的动态演化特性对于适应未来软件发展的开放性、异构性具有重要意义。

此外，从对软件演化的综述中可以看出，今后软件质量更为重要的方面将体现在可维护性以及系统应付不断变化的能力，即软件的演化性（方木云，2011）。从动态演化的角度，今后软件质量应重点考虑系统可动态演化的属性，设计构造性和可动态演化性好的软件系统。

第二节　软件需求建模综述

本节将首先对软件需求建模的研究现状进行概述，在此基础上对与本书关系较为密切的面向特征的需求建模方法进行阐述。

一、需求建模概述

需求建模是软件需求工程过程中的一个关键活动。目前关于需求建模的指导思想和研究手段可谓是百花齐放、百家争鸣（金芝，2008）。根据需求建模的理念和手段的不同，可对需求建模进行粗略的分类和比较。

从软件需求建模理念的角度，较受关注的主要有面向目标的方法（A. Van Lamsweerde，2001）、面向主体和意图的方法（E. Yu，1997）、问题框架方法（M. Jackson，2001）等。其中，面向目标的方法以"目标"为需求的源头，通过目标的分解、精化、抽象等关系构建需求目标与/或树，在目标树基础上将目标操作化为约束，约束由对象和对象上的活动来保证，对象进一步被区分为事件、实体、关系和主体等；可见，该方法侧重于对早期需求的分析和建模。面向主体和意图的方法以"有目标、有信念、有能力、有承诺的系统中自治或半自治主体"为主要线索识别需求，主体间存在着多种依赖关系，该方法引入了较为系统的社会学思路。问题框架方法则关注目标系统所处的现实世界环境，将目标系统与环境的交互所实现的情景看作问题，通过将整个问题合理地划分为简单的子问题，分析和结构化描述这些子问题。

从需求建模方法的角度，可以粗略分为基于图形符号的半形式化方法和基于严格数学符号的形式化方法。其中，半形式化方法以基于数据流图的结构化方法和基于统一建模语言（UML）的面向对象方法最为普及（毋国庆，2008），形式化方法以 Z 语言和维也纳开发方法（VDM）为典型代表（金芝，2008）。

二、面向特征的需求建模方法

与本书关系紧密的是面向特征的需求建模方法。面向特征的方法是一种广泛采用对特定领域进行建模的方法，特征的概念（A. M. Davis，1982）最早由 A. M. Davis 于 1982 年引入，此后的代表性工作是 K. C. Kang 等人提出的 FODA 方法（K. C. Kang，1990），该方法首次将特征模型应用于需求工程，但该方法局限于捕捉领域需求；FODA 方法将特征定义为软件系统中用户可见的、显著的或具有特色的方面、品质和特点等。从领域工程的角度，面向特征的方法的最大优点在于可以明确对领域中的共性和可变性知识进行建模和管理。目前，面向特征的方法已超越领域工程的范畴，被用于描述一般的需求（Zhang Wei，2005a；Mei Hong，2006），甚至被用于描述构件（王忠杰，2006）。这些工作通过各自的视角对特征的概念进一步扩充和完善。比如，文献（王忠杰，2006）认为，特征是描述客观世界知识的本体，表现为描述特定应用领域所提供服务的术语或概念。文献（Zhang Wei，2005a）从内涵和外延给出特征的一个定义：就内涵而言，特征是一组紧密联系的需求；就外延而言，特征是具有客户/用户价值的软件特点。

可见，特征在被广泛接受的同时，仍然存在着特征概念不统一的问题，且关于特征的工作大都是非形式化的，即特征在形式化方面存在着不足。此外，面向特征的方法主要从支持复用的角度进行分析和建模，从本书关注的支持动态演化的角度，现有的关于特征建模方面的成果尚不支持。可见，目前在需求工程阶段仍然缺少专门针对动态演化的需求建模方法，因而对动态演化的支持不足。

第三节 软件体系结构综述

本节首先对软件体系结构的概念进行阐述，在此基础上，对软件体系结构建模进行综述，包括体系结构的非形式化建模和形式化建模。

一、体系结构的概念

20 世纪 60 年代末期，E. W. Dijkstra 提出程序的层次结构的概念，自顶向下、逐步求精的结构设计方法，实际上已勾画出程序结构的模型。按此方法设计出的程序是一种层次的体系结构，已有明确的体系结构概念，但当时并没有称它为体系结构，也没有进一步深入的研究。20 世纪 70 年代，D. Parnas 提出信息隐藏、程序家族的概念，其构件由抽象数据的类型模块组成，为面向对象的体系结构奠定了基础。随着软件规模越来越大，特别是分布式系统的发展，逐步展现出多种体系结构，系统软件体系结构设计的重要性已远远超过特定算法和数据结构的选择，由此兴起了软件体系结构的研究。这好比早期盖房，谈不上房屋的结构设计，现在要盖高楼大厦了，才兴起体系结构的设计研究。一般认为，D. E. Perry 等的论文（D. E. Perry，1992）是软件体系结构研究真正开始的标志。

由于软件体系结构只是最近才作为软件工程的一个独立研究领域出现，虽然目前对其重要性和意义已取得比较广泛的共识，但对于什么是软件体系结构，还没有统一的定义（CMU 的 SEI 网站列出了 90 多种定义）。

下面列出一些比较有影响的定义。

（1）Dewayne Perry 等认为（D. E. Perry，1992），软件体系结构是具有一定形式的结构化元素，即构件的集合，包括处理构件、数据构件和连接构件。处理构件负责对数据进行加工，数据构件是被加工的信息，连接构件把体系结构的不同部分组合连接起来。

（2）David Garlan 等认为（D. Garlan，1993），软件体系结构是软件设计过程中的一个层次，这一层次超越计算过程中的算法设计和数据结构设计。软件体系结构问题包括总体组织和全局控制、通信协议、同步、数据存取，给设计元素分配特定功能，设计元素的组织、规模和性能，在各设计方案间进行选择等。软件体系结构处理关于整体系统结构设计和描述方面的一些问题，这些问题处于算法与数据结构之上。例如，全局组织和全局控制结构，关于通信、同步与数据存取的协议，设计构件功能定义，物理分布与合成，设计方案的选择、评估与实现等。

（3）Philippe Kruchten 指出（P. B. Kruchten，1995），软件体系结构有 4 个角度，它们从不同方面对系统进行描述：概念角度描述系统的主要构件及它们之间的关系；模块角度包含功能分解与层次结构；运行角度描述一个系统的动态结构；代码角度描述各种代码和库函数在开发环境中的组织。

（4）D. Garlan 等修正他们原先的定义为（D. Garlan，1995）：软件体系结构包括系统构件的结构、构件的相互关系，以及控制构件设计演化的原则和指导三个方面。

（5）Barry Boehm 提出（Barry Boehm，1995）：一个软件体系结构包括一个软件和系统构件、互联及约束的集合；一个系统需求说明的集合；一个基本原理用以说明这一构件，互联和约束能够满足系统需求。

（6）Len Bass 等在《Software Architecture in Practice》一书中给出如下的定义（L. Bass，1998）：一个程序或计算机系统的软件体系结构包括一个或一组软件构件、软件构件的外部的可见特性及其相互关系。其中，"软件外部的可见特性"是指软件构件提供的服务、性能、特性、错误处理、共享资源使用等。

（7）D. Soni、R. L. Nord 和 C. Hofmeister 在研究了工业应用中有影响的一些流行结构后提出（D. Soni，1995）：软件体系结构至少应从 4 个不同方面描述系统（SNH 模型）：1）概念体系结构：描述系统的主要构件及它们之间的关系；2）模块体系结构：包括功能分解和分层；3）执行体系结构：描述系统的动态结构；4）代码体系结构：描述在开发环境中源程序、二进制文件和各种库是如何组织的。

（8）M. Shaw 等总结了 5 种不同的模型观点（M. Shaw，1995）：结构模型观点、框架模型观点、动态模型观点、过程模型观点、功能模型观点。

从不同角度出发的体系结构定义不同，但研究者对软件体系结构也达成了一些共识：（1）软件体系结构是对系统的一种高层次的抽象描述。主要是反映拓扑属性，有意忽略细节。（2）软件体系结构是由构件和构件之间的联系组成，构件又有它自身的体系结构。（3）构件的描述有 3 个方面：计算功能、结构特性、其他特性。计算功能是指构件实现的整体功能。结构特性描述构件与其他构件的组织和联系方法，这是软件体系结构中最重要的内容。其他特性描述了构件的执行效率、环境要求和整体特性等方面的要求，这些大都是定量描述的，如时间、空间、精确度、安全性、保密性、带宽、吞吐量和最低软硬件要求等。（4）目前没有哪个关于软件体系结构的描述可以说是完整的。关于什么是构件、什么是构件之间的联系并没有明确界定。构件可以是对象、库、产品、数据库或其他更加广泛的概念。

二、非形式化的体系结构建模

研究软件体系结构的首要问题是如何表示软件体系结构，即如何对软件体系结构建模。从非形式化的角度，根据建模侧重点的不同，可以将软件体系结构模型分为5种：结构模型、框架模型、动态模型、过程模型和功能模型（万建成，2002）。在这5个模型中，最常用的是结构模型和动态模型。5个模型如下：

（1）结构模型：这是最直观、最普遍的建模方法。这种方法以体系结构的构件、连接件和其他概念来刻画结构，并力图通过结构来反映系统的重要语义内容，包括系统的配置、约束、隐含的假设条件、风格、性质。研究结构模型的核心是体系结构描述语言。

（2）框架模型：框架模型与结构模型类似，但它不太侧重描述结构的细节而更侧重于整体的结构。框架模型主要以一些特殊的问题为目标建立只针对和适应该问题的结构。

（3）动态模型：动态模型是对结构或框架模型的补充，研究系统"大粒度"的行为性质。例如，描述系统的重新配置或演化。动态可能指系统总体结构的配置、建立或拆除通信通道或计算的过程。这类系统常是反应型的。

（4）过程模型：过程模型研究构造系统的步骤和过程。因而结构是遵循某些过程脚本的结果。

（5）功能模型：该模型认为体系结构是由一组功能构件按层次组成，下层向上层提供服务。它可以看作是一种特殊的框架模型。

上述5种模型各有所长，因此，将5种模型有机地统一在一起，形成一个完整的模型来刻画体系结构更合适。

另一个常被提到的模型是 Kruchten 提出的一个 "4＋1" 视图模型（P. B. Kruchten，1995）。它从5个不同的视图：逻辑视图、开发视图、过程视图、物理视图和场景视图来描述软件体系结构。5个视图如下：

（1）逻辑视图（也称概念视图）。主要支持对系统功能方面需求的抽象描述，即系统最终将提供给用户什么服务。强调问题空间中各实体的相互作用。它与问题领域结合紧密，是系统工程师与领域专家交流的有效媒介。

（2）开发视图（也称模块视图）。主要侧重系统之间的组织。它与逻辑视图密切相关，都是描述系统的静态结构，但是侧重点不同。开发视图与实现紧密相连。

（3）过程视图。主要侧重于描述系统的动态行为，即系统运行时的特性。它着重解决系统的并发性、分布性、容错性等。

（4）物理视图。主要描述如何把系统软件映射到硬件上，通常要考虑系统的性能、规模、容错等。

（5）场景视图（部署视图）。该视图与上述 4 个视图相重叠，希望综合它们的主要内容，作为开发人员辨别要素和验证设计方案的辅助工具。

可见，每一个视图只关心系统的一个侧面，5 个视图结合在一起才能够反映系统的软件体系结构的全部内容。

三、形式化的体系结构建模

软件体系结构形式化建模是指运用通用的形式化方法准确描述体系结构，其主要目的是克服自然语言、图表等非形式化方法不够精确的不足。接下来，对几类形式化体系结构建模方法进行综述。

（一）基于化学抽象机的体系结构形式规约

Banatre、Berry 等把软件系统比喻为相互反应的化学物质，据此提出了化学抽象机模型 CHAM（chemical abstract machine）（G. Berry，1992）。基于 CHAM 的软件体系结构描述，运用重写技术和结构归纳证明方法，能够对软件体系结构的部分行为属性进行形式化或半形式化的证明。但是 CHAM 没有提供描述软件体系结构的通用方法，开发难度很大，不能描述体系结构风格，没有提供系统配置一致性和完整性的分析和检测机制。

（二）基于 Z 语言的软件体系结构形式规约

运用 Z 语言（J. Sprivery，1989）描述软件体系结构的研究工作也有许多。典型的研究工作包括信号处理系统、事件系统、管道—过滤器风格、对象组装标准等的形式规约。然而，上述研究工作彼此独立、相互隔离，没有基于一个通用的体系结构模型和体系结构描述的完整框架；此外，目前基于 Z 语言的软件体系结构形式化规约方法采用风格相关的特定语法和语义模型，缺乏统一的语义模型，故难于开发，并且不能方便地对某一单独系统进行规约和分析；另外，它们一般不能支持从多个具体系统的规约归纳得出体系结构风格的形式规约。

（三）基于一阶逻辑的体系结构形式规约

Moriconi、Qian 等（M. Moriconi，1995）采用一阶逻辑形式化描述软件体系结构和体系结构风格，运用一阶逻辑理论描述构件、连接件和系统配置。其规约框架与 Abowd 等的研究工作相同，然而，Moriconi 等研究工作的重心在于提供系统化的、形式化的软件体系结构精化方法。他们通过风格的逻辑理论之间的解释映射（interpretation mappings）定义基于风格的体系结构精化模式，并给出了严格的精化法则，支持体系结构正确精化。然而，Moriconi 等的研究工作同样缺乏统一的语法和语义模型，不能支持复用，开发难度很大。并且要求构件、连接件、体系结构风格、配置等必须用完备的逻辑理论定义，限制了它的应用。

（四）基于图论的体系结构形式规约

Murphy 等（G. C. Murphy，1995）运用基于图论的技术描述软件体系结构，研究不同体系结构规约之间的关系。通过给定一对图，一个代表抽象的体系结构规约，另一个代表具体的体系结构规约，在它们的节点之间建立映射，从而能够计算它们间的反射模型（reflexion model）。反射模型可分为如下 4 种情况：（1）抽象规约图中 2 个节点之间存在边，但具体规约图中对应的节点之间不存在边；（2）抽象规约图中 2 个节点之间不存在边，但具体规约图中对应的节点之间存在边；（3）2 个规约图中对应的节点对之间都不存在边；（4）2 个规约图中对应的节点对之间都存在边。抽象体系结构规约图的例子包括体系结构配置、对象类图和实体关系图等，具体体系结构规约图的例子包括从源代码中自动抽取出来的模块依赖图、数据流图、控制流图等。但是 Murphy 的研究工作重在研究体系结构之间的关系，它仅仅运用图结构表达系统结构，未能提供系统化的体系结构建模型方法。

（五）XYZ/E

XYZ/E 是一个时序逻辑语言，既可描述系统的性质，又可描述系统的行为，还提供结构化描述系统模型的机制，也被用来对软件体系结构进行形式化描述、逐步求精（焦文品，2000）。XYZ/E 支持工程中关于软件体系结构的基本概念，前端用一般的体系结构框图作为结构描述，组件、连接件的抽象行为用 UML 活动图、状态图表示，以方便软件工程师的使用和交流；后端用时序逻辑语言 XYZ/E 作为一致的形式化语义基础，以支持软件体系结构的分析和求精。

本书在以上软件体系结构建模的基础上，基于扩展的 Petri 网，提出一种面向动态演化的软件体系结构元模型，该方法可充分利用 Petri 网的图形化表示，使得体系结构模型清晰易懂；同时，又可以充分利用 Petri 网具有严格数学基础的优点，克服非形式化方法不够精确的不足。

第四节　进程代数

对于顺序系统而言，描述程序计算行为的基础理论已经较为完善。图灵提出了计算机的理论计算模型（图灵机）；Alonzo Church 等在 20 世纪 30 年代引入 λ 演算，这些工作为顺序程序奠定了坚实的基础。但是，随着科技的发展，反应式系统（reactive systems）（D. Harel，1985）和并发系统正日益普及，软件科学所面临的关键问题是如何正确理解并发行为和交互行为。与顺序程序相比，反应式系统有三大不同：首先，反应式系统具有非终止状态；其次，反应式系统具有并发行为；最后，反应式系统强调交互和通信。对于以上问题，传统的顺序系统理论已不再适用。

在此环境下，为了研究如何理解反应式系统的并发计算和交互行为，进程代数及其相关理论应运而生并不断发展。20 世纪 70 年代，Hans Bekić 等开始研究并发程序的语义。在文献（Bekić，1971）中，首先提出了选择操作、顺序操作、并发操作，并进一步解决了并发操作的指称语义。其主要思想在于将反应式系统看作一组相互通信的独立进程，进程由其外部可见的交互行为刻画，进而使用代数方式来描述进程上的运算，从而支持在代数律的抽象层面上对进程/系统性质进行分析、推理和验证。因此，人们认为，Hans Bekić 是最早对进程代数做出贡献的人。此后，Robin Milner 在 1973 ~ 1980 年发展了进程代数理论，他是进程代数研究史上最重要的人物之一。1980 年，Milner 在专著《通信系统演算》（Milner，1980）中提出了 CCS(calculus of communication systems)。CCS 是一种函数式语言，基本成分是项或称进程，含自由变量的进程称进程表达式。进程的组合仍是进程，其组合深度可以是任意的。在进程代数史上，另一个重要的人物是 Tony Hoare。1978 年，Hoare 在专著《通讯顺序进程》（Hoare，1978；Hoare，1985）中提出了 CSP(communications of sequential processes)。CSP 采用一组相互独立运行、通过通道进行通信的进程来描述一个系统，特别善于描述并发的模块化的系统。它也是一种命令式语言。一个 CSP 进程就是一个进程，每个进程可以平行地分解为许多子进程，子进程间通过进程运算符相联。子进程又可进一步分解为更深一层的子进程。这种进程嵌套可达到任意深度。在 CSP 中，有事件（event）、进程（process）、踪迹（trace）和规范（specification）等概念。事件是构成一个系统模型的原子单元，进程是构成一个系统模型的组成部分，踪迹描述了进程的动态运行行为，规范是踪迹的规约。1984 年，Bergstra 在《同步通信的进程代数》中提出了 ACP（algebra of communicating processes）（Bergstra，1984）。ACP 采用一组相互独立运行、通过通信复合操作符进行通信的进程来描述并发系统。

总的来说，CCS、CSP 和 ACP 是进程代数史上至今为止最重要的 3 种进程代数，都是基于并发、通信这两个基本概念的形式化方法。在语法上，3 种进程代数的进程都是由原子操作通过操作符复合而成，操作符的语义都可以通过结构化操作语义定义。在并发语义上，3 种进程代数都将真并发语义看作是每个进程行为的所有可能的交错复合，即交织语义。不同之处在于，在语法和语义上，三者对一些操作符的定义有所差别；在不同的关注点下，公理系统也有所不同。但是，对于绝大多数应用而言，3 种进程代数并没有本质上的太大区别。

考虑到本书涉及 ACP 的相关定义，因此接下来进一步详细描述 ACP。

定义 2-1（基调）（Fokkink，2007）　基调（signature）Σ 由类子和一系列操作符组成，其中每个操作符 f 的操作数记为 $ar(f)$。

通常认为：含有 0 个操作数的操作符称为常量；含有 1 个操作数的操作符称为一元操作符；含有 2 个操作数的操作符称为二元操作符。

定义 2-2（开项集）（Fokkink，2007）　基调 Σ 上的开项集（terms）$\Pi(\Sigma)$ 是满足以下条件的最小集合：

（1）每个常量 $\subseteq \Pi(\Sigma)$；

（2）每个变量 $\subseteq \Pi(\Sigma)$；

（3）如果 $f \in \Sigma$，而且 t_1，t_2，…，$t_{ar(f)} \in \Pi(\Sigma)$，那么 $f(t_1, \cdots, t_{ar(f)}) \in \Pi(\Sigma)$。

定义 2-3（闭项集）（Fokkink，2007）　Σ 是基调，$\Pi(\Sigma)$ 是基调 Σ 上的开项集，若 $\forall t \in \Pi(\Sigma)$，且 t 不含任何变量，则称 $\Pi(\Sigma)$ 是闭项集（closed terms），记为 $T(\Sigma)$。

定义 2-4（基本进程项）（Fokkink，2007）　基本进程项（basic process term）是由原子活动集 A 中的元素通过+和ᐧ复合而成，其中+代表选择复合操作符，ᐧ代表顺序复合操作符。

定义 2-5（基本进程代数）（Fokkink，2007）　所有基本进程项的集合称为基本进程代数（basic process algebra）。

定义 2-6（并发进程项）（Fokkink，2007）　并发进程项是由原子活动集 A 中的元素通过+、ᐧ、∥、ᶫ和｜复合而成，其中+代表选择复合操作符，ᐧ代表顺序复合操作符、∥代表并发复合操作符、ᶫ代表左并发复合操作符、｜代表通信并发操作符。

定义 2-7（并发进程代数）（Fokkink，2007）　所有并发进程项的集合称为并发进程代数（process algebra with parallelism）。

定义 2-8（进程项）（Fokkink，2007）　进程项（process term）是由原子活动集 A 中的元素通过+、ᐧ、∥、ᶫ、｜、δ、ζ 和 ∂_H 复合而成，其中+代表选择复合操作符、ᐧ代表顺序复合操作符、∥代表并发复合操作符、ᶫ代表左并发复合操作符、｜代表通信并发操作符、δ 代表死锁、ζ 代表抽象操作，∂_H 代表封装操作。

定义 2-9（通信进程代数）（Fokkink，2007）　所有进程项的集合称为通信进程代数（algebra of communicating processes）。

定义 2-10（变迁）（Fokkink，2007）　肯定变迁是三元组 (t, a, t')，形如 $t \xrightarrow{a} t'$；否定变迁也是三元组 (t, a, t')，形如 $t! \xrightarrow{a} t'$，其中：

（1）t 和 t' 表示进程，$t, t' \in \Pi(\Sigma)$，$\Pi(\Sigma)$ 是开项集；

（2）a 表示活动，$a \in A$，A 是原子活动集。

肯定变迁和否定变迁统称为变迁，记为 b。

肯定变迁 $t \xrightarrow{a} t'$ 表示进程 t 执行活动 a 后演化为进程 t'；肯定变迁 $t \xrightarrow{a} \sqrt{}$ 表示进程 t 执行活动 a 后，能成功终止；肯定变迁 $t \xrightarrow{a} \delta$ 表示进程 t 执行活动 a 后变为死进程。注意，死进程指不再执行任何活动的进程。

否定变迁 $t! \xrightarrow{a} t'$ 表示进程 t 不能执行活动 a 后演化为进程 t'。

定义 2-11（变迁关系）（Fokkink，2007）　基调 Σ 上的变迁关系定义为 $TR \subseteq T(\Sigma) \times A \times T(\Sigma)$，其中 $T(\Sigma)$ 是闭项集，A 是原子活动集。

变迁关系可以看作一个函数，定义域是：$T(\Sigma) \times A \times T(\Sigma)$，值域是：真和假。

定义 2-12（标号变迁系统）（Fokkink，2007）　原子活动集 A 上的标号变迁系统为一个二元组 (S, T)，其中：

（1）S 是状态集合；

（2）T 是变迁关系，$T \subseteq S \times A \times S$。

如果 $(s, a, s') \in T$，则记为 $s \xrightarrow{a} s'$，并称 s、s' 分别为该变迁的起点和终点。

定义 2-13（变迁规则）（Fokkink，2007）　一个变迁规则 ρ 是一个形如 $\dfrac{H}{\pi}$ 的表达式，其中：

（1）H 是一系列形如 $t \xrightarrow{a} t'$ 的表达式组成，其中 $t, t' \in \Pi(\Sigma)$；

（2）π 是一个形如 $t \xrightarrow{a} t'$ 的表达式，其中 $t, t' \in \Pi(\Sigma)$；

称 H 为 ρ 的前提，π 为 ρ 的结论，π 的左边为 ρ 的源。

如果在变迁规则中 $H = \varnothing$，则记为 π。

每条变迁规则一般都包含一个前提和一个结论，通常将前提写在上方，结论写在下方，中间用一条实线将它们分开。由前提推出结论称为规则的一个应用。前提为空的规则称为公理。

定义 2-14（封闭的变迁规则）（Fokkink，2007）　如果变迁规则 ρ 中不包含变量，则称 ρ 是封闭的变迁规则。

定义 2-15（变迁系统规约）（Fokkink，2007）　变迁系统规约 TSS（transition system specification）是一个二元组 $\langle \Sigma, R \rangle$，其中 Σ 是基调，R 是基调上变迁规则的集合。

变迁系统规约主要用于指定基调 Σ 上的变迁关系。

定义 2-16（产生的标号变迁系统）（Fokkink，2007）　由变迁系统规约 TSS 定义的变迁集合称为产生的标号变迁系统（generated labelled transition system）。

ACP 在本书中被用作建模面向动态演化的软件需求的形式化工具，用于描述需求模型中的行为特征。

第五节　Petri 网

Petri 网是 Carl Adam Petri 于 1962 年在他的博士学位论文《Kommunikation mit Automaten》（Petri, 1962）中提出的。Petri 网最早被用于构造系统模型及进行动态特性分析。1970 年以后，Petri 博士又将他的网论发展为通用网论。现在，世界上已有许多人专注于这个方向的研究，每年都举行 Petri 网的国际会议。经过 40 多年的发展，Petri 网不仅形成了一门系统的学科分支，而且在许多领域获得了广泛的应用。这些应用包括（ISO, 2004）：（1）需求分析；（2）规则、设计和测试的开发；（3）软件再工程前对系统的描述；（4）建模商业和软件过程；（5）提供并发语言的语义；（6）支持系统模拟，增加建模者的信任度；（7）关键系统行为的形式分析。

就其研究内容和研究目标来说，Petri 网不仅与计算机语言、计算机系统有关，也不仅与计算机科学有关，它可以应用到描述物理、化学、交通系统、社会组织等多个方面。在计算机领域，Petri 网是一种适合于并发、异步、分布式软件系统规约与分析的形式化方法。与其他模型相比，基于 Petri 网的模型具有以下优点（Reisig, 1985）：（1）事件间的因果关系（causal dependencies）和无相关性（independencies）可以被显示表示；（2）在不改变描述语言的情况下，能从不同抽象层次对系统进行描述；（3）能使用网相关的技术和理论对系统模型进行正确性证明。

一般系统模型均由两类元素构成：表示状态的元素和表示变化的元素。类似地，Petri 网也有两个基本要素：条件和事件，同时用流关系和标记把这两类元素联系起来构成完整的系统。每当一定的条件满足时，相应的事件便可以发生。然后原来的条件发生变化，一些条件从成立变为不成立，另一些条件从不成立变为成立，于是又有一些新的事件可以发生，如此反复不已。

在 Petri 网 40 多年的发展中，计算机科学文献中出现过 Petri 网的多种扩展，如谓词变迁网、有色网、带抑制的网、时间 Petri 网、面向对象 Petri 网和随机 Petri 网等。袁崇义根据容量函数和权函数，将 Petri 网系统分为三类（袁崇义，2005）：（1）容量函数等于 1 和权函数等于 1 的网系统，通常称为基本网系统，由条件和事件组成；（2）容量函数为无限和权函数等于 1 的网系统，通常称为 P/T 网，由库所和变迁组成，也是 Carl Adam Petri 博士 1962 年使用的系统模型；（3）容量函数和权函数为任意函数的网系统，通常称为 P/T 系统。

接下来，给出 Petri 网的一些基本概念的定义。

定义 2-17（Petri 网）（袁崇义，2005）　三元组 $N = \langle P, T, F \rangle$ 称为一个 Petri 网，如果：

（1）$P \cup T \neq \varnothing$ 且 $P \cap T = \varnothing$；

（2）$F \subseteq (P \times T) \cup (T \times P)$；

（3）$\mathrm{dom}(F) \cup \mathrm{ran}(F) = P \cup T$；

其中 P 是 N 的库所集，T 是 N 的变迁集；F 是 N 的有向弧集，称为 N 的流关系。

$\mathrm{dom}(F) = \{x \in P \cup T \mid \exists y \in P \cup T, (x, y) \in F\}$；

$\mathrm{ran}(F) = \{x \in P \cup T \mid \exists y \in P \cup T, (y, x) \in F\}$。

定义 2-18（前提和后提）（袁崇义，2005）　设 $N = \langle P, T, F \rangle$ 为一个 Petri 网，$x \in P \cup T$，则

（1）$^{\bullet}x = \{y \in P \cup T \mid (y, x) \in F\}$；

（2）$x^{\bullet} = \{y \in P \cup T \mid (x, y) \in F\}$；

（3）$^{\bullet}x^{\bullet} = {}^{\bullet}x \cup x^{\bullet}$；

其中 $^{\bullet}x$ 称为 x 的前提，$x^{\bullet}$ 称为 x 的后提，$^{\bullet}x^{\bullet}$ 称为 x 的前后提。

定义 2-19（局部环境）（Claude Girault，2003）　在 Petri 网 $N = \langle P, T, F \rangle$ 中，变迁 t 与变迁 t 的前后提称为变迁 t 的局部环境，记为 $\mathrm{loc}(t)$，即 $\mathrm{loc}(t) = \{t\} \cup {}^{\bullet}t \cup t^{\bullet}$；库所 p 与库所 p 的前后提称为库所 p 的局部环境，记为 $\mathrm{loc}(p)$，即 $\mathrm{loc}(p) = \{p\} \cup {}^{\bullet}p \cup p^{\bullet}$。

定义 2-20（网系统）（袁崇义，2005）　设 $N = \langle P, T, F \rangle$ 为一个 Petri 网，则 $\Sigma = \langle P, T, F, M \rangle$ 称为一个网系统，其中：

（1）$M \subseteq P$，称为 Σ 的一个标识，也称为 Σ 的一个瞬态；

（2）若 $t \in T$，且 $^{\bullet}t \subseteq M$，$t^{\bullet} \cap M = \varnothing$，则称变迁 t 为可以触发的；$^{\bullet}t \subseteq M$ 称为 t 的对于标识 M 的前提成立，$t^{\bullet} \cap M = \varnothing$ 称为后提成立；

（3）如果变迁 t 被触发（也称为点火），则网系统 Σ 的标识从 M 转化为 M'，其中 $M' = (M - {}^{\bullet}t) \cup t^{\bullet}$，标识 M' 称为 M 的后继标识，记为 $M[t > M'$。

在网系统 Σ 的运行中达到的所有标识称为可达到标识，以 $RM(\Sigma)$ 表示。

定义 2-21（变迁使能）（袁崇义，2005）　设 $N = (P, T, F, M)$ 是一个 Petri 网，$\Sigma = (N, M_0)$ 是一个 Petri 网系统，$M \in R(M_0)$：

（1）变迁 $t \in T$ 称为在 M 下使能，当且仅当对 $\forall p \in {}^{\bullet}t$：$M(p) \geqslant W(p, t)$，记作 $M[t >$；

（2）若 $M[t_1 > M_1 [t_2 > \cdots M_{n-1} [t_n > M_n$（其中 $M_i \in R(M_0)$，$t_i \in {}^{\bullet}T$，$i = 1$，$2, \cdots, n$），则称 $\sigma = t_1 t_2 \cdots t_n$ 为 $\Sigma = (N, M_0)$ 的一个可引发变迁序列，记作 $M[\sigma > M_n$。

定义 2-22（活性）（袁崇义，2005）　设 $\Sigma = (N, M_0)$ 是一个 Petri 网系统：

（1）变迁 $t \in T$ 是活的，当且仅当 $\forall M \in R(M_0)$，$M' \in R(M)$，$M'[t >$；

（2）Σ 是活的，当且仅当 $\forall t \in T$，t 是活的。

定义 2-23（路径）（袁崇义，2005） Petri 网系统 $\Sigma = (N, M_0)$，其中 $N = (P, T, F, M)$。在 N 中，称 C 为 n_1 到 n_k 的路径，是指存在一序列 $(n_1, n_2, \cdots, n_k)$ 满足 $(n_i, n_{i+1}) \in F$，其中 $1 \leq i \leq k-1$。

定义 2-24（强连通）（袁崇义，2005） 一个 Petri 网是强连通的，当且仅当对任意一对节点（库所或变迁）x 和 y，存在一条从 x 到 y 的路径。

定义 2-25（连通网）（袁崇义，2005） 若一个 Petri 网 N 对应的 (X, F) 为连通图，则 N 为连通网。

需要注意的是，连通网实际上是"弱连通"的，它不一定满足强连通的定义；但是，强连通的 Petri 网一定是连通网。

定义 2-26（出现网）（Reisig，1985） 一个网 $k = (S, T; F)$ 称为出现网，当且仅当：

（1） $\forall a, b \in S \cup T : a(F^+)b \Leftrightarrow \neg (bF^+a)$；$(F^+ = F \cup F \circ F \cup F \circ F \circ F \cup \cdots)$；

（2） $\forall s \in S : |{}^\bullet s| \leq 1 \wedge |s^\bullet| \leq 1$。

Petri 网在本书中被用作建模面向动态演化的软件体系结构的形式化工具。

定义 2-27（可达标识图）（吴哲辉，2006） 设 $N = (S, T; F, M_0)$ 为一个有界 Petri 网。N 的可达标识图定义为一个三元组 $RG(N) = (R(M_0), E, P)$，其中：（1）称 $R(M_0)$ 为 $RG(N)$ 的顶点集，$R(M_0)$ 是 N 的可达标识集；（2）称 E 为 $RG(N)$ 的弧集，弧的两端都属于 $R(M_0)$；（3）称 P 为对应的弧的旁标，$P(M_i, M_j) = t_k$ 当且仅当 $M_i [t_k > M_j$。

第六节 综述小结

为了能够更好地介绍后续各章的内容，本章对与本书有关的国内外研究现状、研究基础进行了介绍，主要包括：（1）对包括静态演化和动态演化在内的软件演化进行综述；（2）对软件需求建模的研究现状进行概述，并介绍了面向特征的需求建模方法；（3）对软件体系结构的概念进行总结，并对体系结构的非形式化建模和形式化建模进行综述；（4）对进程代数、Petri 网的基本概念及原理进行了介绍。总之，本章为后续章节的论述奠定基础。

第三章　面向动态演化的需求建模

面向动态演化的软件形式化建模方法是以需求模型为驱动的，因此本章重点讨论面向动态演化的需求建模。

目前，在学术界和工业界已经存在许多需求建模的方法，其中较有影响力的主要包括面向目标的方法、面向主体和意图的方法、基于情景的方法、基于问题框架的方法、基于数据流图的结构化方法、基于 UML 的面向对象方法、面向特征的方法等。但是这些方法都不是专门针对动态演化的需求建模方法，因而对动态演化的支持不足，无法满足面向动态演化的需求建模的要求。

研究面向动态演化的需求建模的主要意义在于：（1）从动态演化的角度，面向动态演化的需求建模专门针对动态演化而设计，从源头上支持动态演化，具有很强的针对性；（2）从需求工程的角度，面向动态演化的需求建模是对现有的需求建模理论的有益补充；（3）从体系结构的角度，面向动态演化的需求建模为面向动态演化的体系结构建模奠定了基础。

第一节　面向动态演化需求建模的思路与框架

在现有的需求建模的研究成果基础上，区别于传统的需求建模，针对动态演化，面向动态演化的需求建模方法对需求模型提出了专门针对支持动态演化方面的要求，主要包括以下几项。

（1）由于软件发展构件化，软件系统通过构件组装已成为趋势；此外，从体系结构的观点系统也由构件和连接件组装而成。因此，为了向体系结构模型提供支持，同时保持需求和体系结构之间的映射关系，应可通过组合需求部件的方式生成系统的需求模型，为需求部件和构件之间保持可追踪性奠定基础。

（2）与动态演化的挑战性难题中的"内部一致性"和"外部一致性"相对应，应在需求模型中区分"内部计算"和"外部交互"，并提供封装机制对内部和外部进行隔离，便于分而治之地应对"内部一致性"和"外部一致性"问题。

（3）虽然"具体的演化需求和明确的演化方案很难预计"，即软件如何演化往往很难预见，但哪些地方可能需要演化却是可以预计的，因此需求模型应支持稳定需求和易变需求的区分，动态演化往往发生在易变需求上。

（4）行为相关性作为动态演化实施中的一个必须分析和控制的挑战性难题，

应在需求模型中得到充分考虑和支持；由于行为相关性是一种动态相关性，因此关键点在于需求模型中应显式建模引起动态相关性的"源头元素"，为应对动态演化实施中的行为相关性这一挑战提供支持。

一、面向动态演化的需求元模型的设计思路

元模型是用来定义模型的工具。面向动态演化的需求元模型，应抽象出支持动态演化的需求模型的本质特性，描述基本部件的概念及其关系，是用来定义需求模型的工具。

设计面向动态演化的需求元模型，应充分考虑前文中面向动态演化的需求建模的四点要求。

第一，选取特征作为需求元模型的基本部件。特征的概念来自面向特征的需求分析方法，其相关介绍见本书第二章。考虑到特征作为需求空间的一阶实体（张伟，2003），因此本书把特征作为封装需求的基本单元，然后通过特征组合的方式建模软件需求，并建立特征与构件之间的映射关系。这一考虑满足了前文四点要求中的第一点。

第二，为了建模"内部计算"和"外部交互"，在选定特征作为需求模型的基本部件的前提下，选用通信进程代数 ACP 风格的进程代数作为形式化工具，通过封装的进程来描述内部计算，通过进程之间的通信来描述交互。这一考虑满足了前文四点要求中的第二点。

第三，对于稳定需求和易变需求，作为选定的基本部件——特征应能够提供区分机制。由于绑定时间是特征的一个规约属性，因此可以通过绑定时间的不同来区分稳定需求和易变需求。对于稳定需求，可在需求建模时绑定，而易变需求则向后推迟到体系结构建模时绑定。进一步，考虑形式化工具 ACP，可以用含变量的进程项来描述易变需求，变量可以等到体系结构设计时再替换；而稳定需求建模为只含有常量的进程项，表明在需求建模时该特征已经被绑定。这一考虑满足了前文四点要求中的第三点。

第四，考虑行为相关性。当对一个构件实施动态演化时，之所以其他构件会与该构件行为相关，是因为其他构件在"执行特定的任务"时需要请求被演化构件提供的服务。而那些构件之所以要"执行特定的任务"，归根结底，是由于存在某些构件不停地"发出任务要求"或者"接受系统外部的任务要求"，而这些不停地"发出任务要求"或者"接受系统外部的任务要求"的构件是动态相关性的"源头构件"。因此，在需求模型中，应对特征中与这些"源头构件"相对应的行为特征进行区分，可以称之为"主动特征"。可见，引起构件的行为相关性的本质原因是构件之间可以交互，但可以交互的构件不一定会发生交互，而在特定的"源头构件"的作用下会使得特定的一部分可以交互的构件之间发生

确实的交互，即导致行为相关性。这样，需求元模型中对行为相关性的支持就转化为对"主动特征"的区分。即需求元模型中应提供区分"主动特征"与其他特征的机制，以便于支持行为相关性分析，这样才能满足了前文四点要求中的第四点。

二、面向动态演化的需求元模型的框架

在具体设计面向动态演化的需求元模型的各个部件之前，首先给出该元模型的框架图，其中包含该元模型的主要部件，如图3-1所示。

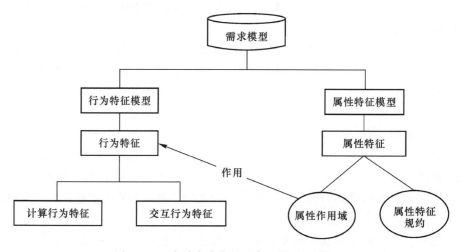

图3-1　面向动态演化的需求元模型的框架图

由图3-1可见，本书设计的面向动态演化的需求元模型以特征为基本部件，一个需求模型中包括行为特征与属性特征，这与特征的定义"特征体现了系统具有的某种能力或特点"（刘奕明，2008）是一致的，因为行为特征体现出了特征的能力，属性特征体现出了特征的特点。为了统一行为特征和属性特征，元模型通过属性特征的属性作用域将行为特征与属性特征整合为需求模型。进一步，行为特征包含计算行为特征和交互行为特征，体现了"内部计算"和"外部交互"相分离的思想；每个属性特征则由其属性特征规约和属性作用域组成，属性特征规约描述了该属性特征对系统某一特点的刻画或约束，由一阶谓词公式定义，属性作用域规定了该属性特征对哪些行为特征起作用。

第二节　面向动态演化的行为特征建模

在设计思路和框架的指导下，本节以 ACP 风格的进程代数为工具，形式化定义元模型中的"行为特征"这一重要部件；类似地，行为特征元模型是用来

定义行为特征模型的工具。

对于一个软件项目而言，它往往属于一个特定的领域，因此，一个软件的需求也来自它所属的领域的"领域需求空间"。领域需求空间是一个特定领域内问题空间的集合，一个软件项目的需求是它所属的领域需求空间中的一个子集。领域需求空间通常是一个很大甚至是无法穷举的集合，一般通过定义其所包含的基本元素以及在这些基本元素上的有限多个基本复合规则来定义一个领域需求空间。

一个软件项目的"行为特征"也属于一个特定领域的"领域行为特征空间"。领域行为特征空间是一个特定领域中所有的行为特征的并集。如前文所述，行为特征包含计算行为特征和交互行为特征。在形式定义计算行为特征、交互行为特征以及行为特征的概念之前，本书首先定义领域行为特征空间。

定义 3-1（领域行为特征空间）　领域行为特征空间 Σ 是一个特定领域中包含所有行为特征的集合，它可以由四元组 $\Sigma = \langle A, S, F, G \rangle$ 唯一确定，其中：

（1）A 是原子行为特征常量的有穷集合，其中每个元素是一个不可分割的原子行为特征常量，通常用正体小写字母 a，b，c，…表示。

（2）S 是行为特征变量的无穷集合，其中每个元素是一个代表行为特征的变量，并假定 $S \cap (A \cup F) = \varnothing$，即该无穷集合中的符号和所有的常量符号、算子符号都不一样，通常用斜体小写字母 x，y，z，…表示。

（3）$F = \{ \cdot, +, *, \parallel_{[C]}, \llcorner_{[C]}, \partial_{[H]}, \zeta_{[I]}, \Theta \}$ 是算子符号集合，其中 $\cdot$ 是顺序组合算子；$+$ 是选择组合算子；$*$ 是迭代组合算子；$\parallel_{[C]}$ 是并行组合算子且 C 是交互动作集；$\llcorner_{[C]}$ 是左并行组合算子且 C 是交互动作集；$\partial_{[H]}$ 是封装算子且 H 是封装动作集；$\zeta_{[I]}$ 是抽象算子且 I 是抽象动作集；Θ 是一个扩展算子集合，可用于扩展定义其他算子集合，一般默认为空集。

（4）G 是序对 $\langle f, s_1 \times \cdots \times s_k \to s \rangle$ 的集合，其中：$f \in F$ 是一个组合算子；$s_1, \cdots, s_k, s \in A \cup S$；$k$ 由算子 f 的类型决定。

对于一个特定领域而言，只要确定了其原子行为特征常量的集合 A，那么该特定领域的行为特征空间 Σ_A 也就相应确定了；在此基础上，建模一个属于该特定领域的软件系统的需求模型就有了坚实的基础。

一、计算行为特征

本书将"计算行为"和"交互行为"区别对待，本节主要描述其中的计算行为特征，该类特征描述了需求中的计算功能。

下面首先定义一个特殊的计算行为特征：空计算行为特征。

定义 3-2（空计算行为特征）　空计算行为特征用符号 $\sqrt{}$ 表示，表示该特征不执行任何功能，然后就成功终止。

接下来定义计算行为特征中的最简单的一类特征：原子计算行为特征。

定义 3-3（原子计算行为特征） 原子计算行为特征包括以下两类：

（1）每一个原子行为特征常量是一个原子计算行为特征；

（2）每一个行为特征变量也是一个原子计算行为特征。

之所以把行为特征变量也看成是原子计算行为特征，是因为特征变量描述了需要等到体系结构建模时才绑定的特征，因为在需求建模的时候该类特征也是不可分割的原子特征，至于特征变量的取值则等待体系结构建模的时候再确定，它的值既可能是一个原子行为特征常量，也可能是一个复合的行为特征，甚至可能是一个空计算行为特征。

在原子计算行为特征的基础上，通过组合算子可以进一步组合得到复合行为特征。这里需要再引入一组行为特征变量，用斜体希腊字母 α，β，γ，…表示：与前文以斜体小写英文字母 x，y，z 等表示的特征变量表示其绑定时间推迟到体系结构建模时不同；这组特征变量用于定义特征复合规则之中表示参与复合的特征变量，其取值可能是个特征常量，也可能是个特征变量，还可能是个复合特征的标识符。

定义 3-4（顺序组合） 两个行为特征 α 和 β,通过顺序组合算子·，组合成一个复合特征，用一个四元组 $\langle id, \cdot, \alpha, \beta \rangle$ 表示，其中：id 是组合特征的标识符，id 唯一；·是组合方式，表示顺序组合；α 是组合的前元；β 是组合的后元。通常用进程项 $\alpha \cdot \beta$ 作为该类组合特征的语法美化，并用等式 $id = \alpha \cdot \beta$ 来定义：行为特征 α 和 β 顺序组合成组合特征 id，该特征先按特征 α 规定的行为操作，α 成功终止后再按 β 规定的行为操作，β 成功终止后 id 即成功终止。

定义 3-5（选择组合） 两个行为特征 α 和 β,通过选择组合算子+，组合成一个组合特征，用一个四元组 $\langle id, +, \alpha, \beta \rangle$ 表示，其中：id 是组合特征的标识符，id 唯一；+是组合方式，表示选择组合；α 和 β 是组合的元。通常用进程项 $\alpha + \beta$ 作为该类组合特征的语法美化，并用等式 $id = \alpha + \beta$ 来定义：行为特征 α 和 β 选择组合成组合特征 id，该特征在特征 α 和 β 中选择其中之一，然后按所选特征规定的行为操作。

定义 3-6（迭代组合） 对于行为特征 α,通过迭代组合算子 $*$ 组合成一个组合特征，用一个三元组 $\langle id, *, \alpha \rangle$ 表示，其中：id 是组合特征的标识符，id 唯一；$*$ 是组合方式，表示迭代组合；α 是组合的元。通常用进程项 $\alpha *$ 作为该类组合特征的语法美化，并用等式 $id = \alpha *$ 来定义：行为特征 α 迭代组合成组合特征 id，该特征重复特征 α 规定的行为操作 n 次，然后终止，n 是大于等于 0 的自然数。

在定义了以上组合算子之后，将原子计算行为特征和组合计算行为特征统称为计算行为特征，并给出其递归定义。

定义 3-7（计算行为特征）　计算行为特征可以被归纳地定义：

（1）一个原子计算行为特征是一个计算行为特征；

（2）空计算行为特征是一个计算行为特征；

（3）两个计算行为特征通过算子·或+进行组合之后得到的还是计算行为特征；

（4）一个计算行为特征通过算子 * 进行组合之后得到的还是计算行为特征；

（5）有限多次使用（3）和（4）两条规则进行组合之后得到的还是计算行为特征。

可见，由计算行为特征通过上述 3 种组合之后得到的还是计算行为特征。通常为新复合得到的特征赋予一个唯一的标识符 id，以便通过 id 引用该特征。综上所述，计算行为特征是在原子计算行为特征基础上，通过有限次（含 0 次）的顺序、选择、迭代组合而成的组合特征。

二、交互行为特征

本节主要在定义交互动作的基础上，描述另一类行为特征：交互行为特征。为定义交互行为特征，首先给出简单交互动作和交互动作的定义。

定义 3-8（简单交互动作）　简单交互动作是一个三元组 $\langle id, \alpha, \beta \rangle$，其中：$id$ 是简单交互动作的标识符，id 唯一；α 和 β 是交互的元，是两个原子计算行为特征。

在简单交互动作的基础上，可以进一步递归定义交互动作。

定义 3-9（交互动作）　交互动作可以被归纳地定义：

（1）一个简单交互动作是一个交互动作；

（2）一个三元组 $\langle id, \alpha, \beta \rangle$，若 α 和 β 是交互动作或原子计算行为特征，那么 id 是一个交互动作。

由定义可见交互动作都以一个三元组的形式定义，并由其 id 表示。简单交互动作是两个原子计算行为特征之间的交互，交互动作可以进一步作为交互的元，继续参与更加复杂的交互。

交互动作实际是一个交互协议，若两个并行组合的行为特征包含了该协议，则特征中的 α 和 β 都不能被单独执行，而必须被同步。

定义 3-10（并行复合）　两个行为特征 α 和 β，通过并行组合算子 $\parallel_{[c]}$，组合成一个复合特征，用一个四元组 $\langle id, \parallel_{[c]}, \alpha, \beta \rangle$ 表示，其中：id 是复合特征的标识符，id 唯一；α 和 β 是复合的元；$\parallel_{[c]}$ 是复合方式，表示并行复合，其中 C 是交互动作集，特征在执行到 C 中元素的交互元动作时，必须在 α 和 β 中保持同步。通常用进程项 $\alpha \parallel_{[c]} \beta$ 作为该类复合特征的语法美化，并用等式 $id = \alpha \parallel_{[c]} \beta$ 来定义。

通过并行复合，参与复合的两个行为特征在 C 规定的交互动作集之中必须协作共同完成任务，在 C 规定之外的动作则可以按 α 或 β 各自的定义进行。

定义 3-11（左并行复合） 两个行为特征 α 和 β，通过左并行组合算子 $\llcorner_{[C]}$，组合成一个复合特征，用一个四元组 $\langle id,\ \llcorner_{[C]},\ \alpha,\ \beta \rangle$ 表示，其中：id 是复合特征的标识符，id 唯一；α 是复合的左元，β 是复合的右元；$\llcorner_{[C]}$ 是复合方式，表示左并行复合，其中 C 是交互动作集含义与并行复合相同，要求先执行左元的第一个动作且该动作不参与交互，然后按并行算子 $\|_{[C]}$ 继续执行剩余部分。通常用进程项 $\alpha\ \llcorner_{[C]}\ \beta$ 作为该类复合特征的语法美化，并用等式 $id = \alpha\ \llcorner_{[C]}\ \beta$ 来定义。

之所以要引入左并行复合，是因为并行复合仅描述了同步交互，无法描述异步交互，而左并行复合规定必须先执行左元的第一个动作，因此右元实际上是受左元的第一个动作控制的，其本质是一种异步交互。左元的第一个动作往往起到控制作用，因此左元 α 常分解为：$\alpha = x \cdot \alpha'$。

包含交互动作的行为是一种复杂的行为，尤其是当出现一个动作可以同时与多个层次的其他动作发生交互时，会大大增加行为相关性的复杂程度。因此，在满足系统约束的情况下，若能引入封装操作，则一方面能对相关性进行较好的管理和约束，另一方面能够使得需求模型的模块化程度更好。

定义 3-12（封装复合） 对于一个行为特征的进程项 $\alpha\|_{[C]}\ \beta$ 或 $\alpha\ \llcorner_{[C]}\ \beta$，对其进行封装复合后得到一个新的行为特征，分别用二元组 $\langle id,\ \partial_{[H]}(\alpha\|_{[C]}\ \beta)\rangle$ 或 $\langle id,\ \partial_{[H]}(\alpha\ \llcorner_{[C]}\ \beta)\rangle$ 表示；其中：id 是复合特征的标识符，id 唯一；H 是一个只含交互动作和原子计算行为特征的集合，表明 H 集合中的元素只在对应的复合行为特征的内部发生交互。

封装复合操作从本质上是通过换名操作来实现的，即把 H 中的元素的名字映射成为局部名字，这样，局部名字的作用范围自然被限制在这个局部之内。封装操作使得行为特征有较好的结构性，为特征部件的进一步组合理清内部关系。

对行为特征进行封装操作之后，即使再与其他特征进行并行复合或左并行复合（即出现更高层的复合），H 中的元素也不会与高层复合的元中的动作发生交互。也就是说，封装操作的实质是把内部的交互也当成了计算，这样只剩下没有被封装操作限制的端口可以继续与外部进行交互。

对于一个行为特征，有时只需要观察其外部行为，这时可以不考虑内部动作；另一种情况，有时只关心某些特定的行为，不关心其他的行为。这两种情况下，都可以使用抽象操作，把不关心的动作抽象成为一个哑动作 τ。

定义 3-13（哑动作） 哑动作使用符号 τ 表示，表示一个抽象的动作，该动作是系统外部不可观察的。

定义 3-14（抽象复合） 对于一个行为特征 α，对其进行抽象复合操作后得到一个新的行为特征，记为：$\zeta_{[I]}(\alpha)$，并为其赋予一个标识符 id；其中 I 是一个只含交互动作和原子行为特征常量的集合，表明 I 集合中的元素被抽象为 τ。

抽象复合操作从本质上也是通过换名操作来实现的，只是该操作把 I 集合中的元素全部替换为哑动作 τ。抽象操作可以从一定程度上降低一些复杂行为特征的复杂程度，使得可以从更高的层次观察一些较复杂的行为特征。

封装操作主要是从交互的角度考虑，而抽象操作主要从观察的角度考虑。

由于行为特征变量尚未被绑定，因此一般不将其抽象为 τ；此外，可能参与到更高层交互的动作一般也不被抽象为 τ。

定义 3-15（交互行为特征）　交互行为特征是二元组 $\langle id, \alpha \rangle$，其进程项 α 可以被归纳地定义：

（1）两个计算行为特征进程项通过算子 $\|_{[c]}$ 或 $\llcorner_{[c]}$ 复合之后得到的是交互行为特征的进程项；

（2）一个计算行为特征进程项与一个交互行为特征进程项通过算子 $\|_{[c]}$ 或 $\llcorner_{[c]}$ 复合之后得到的还是交互行为特征的进程项；

（3）两个交互行为特征进程项通过算子 $\|_{[c]}$ 或 $\llcorner_{[c]}$ 复合之后得到的还是交互行为特征的进程项；

（4）一个交互行为特征的特征项通过算子 $\partial_{[H]}$ 封装之后得到的还是交互行为特征的进程项；

（5）一个交互行为特征的特征项通过算子 $\zeta_{[I]}$ 抽象之后得到的还是交互行为特征的进程项；

（6）有限多次使用（2）、（3）、（4）、（5）四条规则进行复合之后得到的还是交互行为特征的进程项。

计算行为特征之间的交互生成交互行为特征，交互行为特征又可进一步与计算行为特征或交互行为特征复合，生成新的交互行为特征。

需要注意的是，本书的组合与复合具有不同的含义：首先，组合对应 $\cdot$，$+$，$*$ 三个算子，而复合对应 $\|_{[c]}$，$\llcorner_{[c]}$，$\partial_{[H]}$，$\zeta_{[I]}$ 四个算子。其次，在进行组合的时候，可以把组合对象当成黑盒，组合对象具有原子性（是指对组合算子而言，可以把组合对象当成原子的，而不是说组合对象必须是原子行为特征），即不必关心组合对象的内部；而在进行复合的时候，由于涉及内部动作的交互，因此必须在明确复合对象的内部构造的基础上，即把复合对象当成白盒，才可以进行行为特征的复合。

三、行为特征

定义 3-16（行为特征）　计算行为特征和交互行为特征统称为行为特征，用二元组 $F_B = \langle id, \alpha \rangle$ 表示，其中，id 是行为特征的标识符，α 是其进程项。

在对特征进行建模的时候，有时候特征之中存在一些易变的元素，可以等到体系结构建模的时候再进行绑定，这些元素一般用行为特征变量描述。这样，在需求建模的时候，就可能建模出两类特征：含变量的特征和不含变量的特征。

定义 3-17（闭项行为特征）　一个行为特征，若其进程项中不包含变量行为特征，则称该行为特征是一个闭项行为特征。

闭项行为特征中的所有元素都是由常量经复合元素复合而成，因此该特征的行为和包含的功能已完全确定，一般用于建模稳定的需求。

定义 3-18（开项行为特征）　一个行为特征，若其进程项中包含有变量行为特征，则称该行为特征是一个开项行为特征。

开项行为特征中的变量将在体系结构建模的时候进行绑定，即变量行为特征描述了需求中待定或易变的元素，因此可用于建模易变的需求。

由于行为特征在本质上是由进程项定义的，进程项又可以根据其组合规则和复合规则递归定义，因此，有必要定义行为特征的秩。

定义 3-19（行为特征的秩）　一个行为特征 α 的秩是一个自然数，用 $\mathrm{rk}(\alpha)$ 表示，它可以被归纳地定义如下：

（1）一个原子行为特征常量的秩是 1，即 $\mathrm{rk}(\alpha)=1$；

（2）一个行为特征变量的秩也是 1，即 $\mathrm{rk}(x)=1$；

（3）对于一元组合算子 $*$、$\partial_{[H]}$ 或 $\zeta_{[I]}$，$*(\beta)$、$\partial_{[H]}(\beta)$ 或 $\zeta_{[I]}(\beta)$ 的秩是 $\mathrm{rk}(\beta)+1$；

（4）对于二元组合算子 f（包含 $\cdot$，$+$，$\|_{[C]}$，$\mathbb{L}_{[C]}$），$f(\gamma,\beta)=\max\{\mathrm{rk}(\gamma),\mathrm{rk}(\beta)\}+1$。

定义行为特征的秩之后，行为特征的许多性质可以方便地用结构归纳法证明。

定义 3-20（层）　一个复合或一个操作所处的层是一个自然数，等于该复合或操作得到的行为特征的秩。

层和秩的本质是一样的，但层是对复合或操作而言，而秩是对行为特征而言。

定义 3-21（行为特征模型）　一个行为特征模型是目标系统的需求模型的一个组成部分，用三元组 $M_{\mathrm{B}}=\langle T, Leaf, C\rangle$ 表示，当且仅当满足以下条件：

（1）$T=\langle V, E\rangle$ 是一棵树，其中：V 是节点集；$E\subseteq V\times V$ 是边集，且其根结点 v_{top} 是行为特征模型对应的进程项，T 称为该行为特征模型的特征树；

（2）$Leaf$ 是叶子，且满足 $Leaf = Leaf_C\cup Leaf_V$，$Leaf\subseteq V$，其中 $Leaf_C$ 是由原子行为特征常量组成的集合，$Leaf_V$ 是由行为特征变量组成的集合，2 个集合中每个元素对应着特征树的一个叶子结点；

（3）C 是该模型的全局交互规约集合，其中每个元素是一个交互动作三元组；

（4）T 的所有非叶子结点都可以由秩比其小 1 的孩子结点通过组合算子复合而成，且对应着一个进程表达式；

（5）T 的所有非叶子结点，若对应的进程表达式的最外层是封装操作 $\partial_{[H]}$，则存在一个封装动作集 H 定义了该结点的内部动作；若对应的进程表达式的最外层是抽象操作 $\zeta_{[I]}$，则存在一个抽象动作集 I 定义了该结点的抽象动作；

（6）T 的所有非叶子结点，若对应的进程表达式的最外层是并行复合 $\|_{[C]}$ 或左并行复合 $\llcorner_{[C]}$，且其是在封装操作 $\partial_{[H]}$ 和抽象操作 $\zeta_{[I]}$ 的内部，则存在一个局部交互规约集合 C' 定义了该结点的内部交互；

（7）T 的所有结点对应着一个唯一的特征标识符 id。

之所以把行为特征模型组织成一个树形，是因为：首先，行为特征建模通过组合而成，本身表现出良好的层次性；其次，树形使得行为特征的层次效果更好，且各个结点对应一个行为特征部件，使得模型模块化清晰。

对于一个具体的软件项目而言，使用行为特征元模型进行行为特征模型建模，其目的就是为了得到该项目的行为特征模型。行为特征模型是需求模型的一个重要组成部分。

四、行为特征元模型的操作语义

前文形式化定义了行为特征元模型及其主要部件：计算行为特征和交互行为特征，并用多种组合算子复合和操作的方式定义了行为特征的组合方式。但是，关于行为特征元模型及其组合算子的语义，是用自然语言描述的。在进程代数中，通常使用变迁规则定义进程项的操作语义，进而使用标号变迁系统作为其语义解释模型。在变迁规则中：（1）$\alpha \xrightarrow{x} \alpha'$ 是一个变迁，表示行为特征 α 执行动作 x 后，其后的行为按 α' 的定义执行；（2）变迁规则表示为：$\dfrac{P}{Q}$，其中 P 和 Q 都是变迁，P 变迁是规则的假设，Q 变迁是结论。为了使行为特征元模型具有严格的数学基础，接下来使用结构化操作语义中的变迁规则，形式化定义各个组合算子的操作语义。行为特征元模型的变迁规则见表 3-1。

表 3-1　行为特征元模型的变迁规则

	$\dfrac{}{x \xrightarrow{x} \checkmark}$	$\dfrac{}{x\|_{[C]}y \xrightarrow{x\|_{[C]}y} \checkmark}$ if $\langle x,\ y\rangle \in C$	
	$\dfrac{\alpha \xrightarrow{x} \checkmark}{\alpha \cdot \beta \xrightarrow{x} \beta}$	$\dfrac{\alpha \xrightarrow{x} \alpha'}{\alpha \cdot \beta \xrightarrow{x} \alpha' \cdot \beta}$	
$\dfrac{\alpha \xrightarrow{x} \checkmark}{\alpha + \beta \xrightarrow{x} \checkmark}$	$\dfrac{\beta \xrightarrow{x} \checkmark}{\alpha + \beta \xrightarrow{x} \checkmark}$	$\dfrac{\alpha \xrightarrow{x} \alpha'}{\alpha + \beta \xrightarrow{x} \alpha'}$	$\dfrac{\beta \xrightarrow{x} \beta'}{\alpha + \beta \xrightarrow{x} \beta'}$

续表 3-1

$\dfrac{\alpha \xrightarrow{x} \surd}{\alpha * \beta \xrightarrow{x} \alpha * \beta}$	$\dfrac{\beta \xrightarrow{x} \surd}{\alpha * \beta \xrightarrow{x} \surd}$	$\dfrac{\alpha \xrightarrow{x} \alpha'}{\alpha * \beta \xrightarrow{x} \alpha' \cdot (\alpha * \beta)}$	$\dfrac{\beta \xrightarrow{x} \beta'}{\alpha * \beta \xrightarrow{x} \beta'}$
$\dfrac{\alpha \xrightarrow{x} \surd}{\alpha \parallel_{[C]} \beta \xrightarrow{x} \beta}$ if $x \notin C$	$\dfrac{\beta \xrightarrow{x} \surd}{\alpha \parallel_{[C]} \beta \xrightarrow{x} \alpha}$ if $x \notin C$	$\dfrac{\alpha \xrightarrow{x} \alpha'}{\alpha \parallel_{[C]} \beta \xrightarrow{x} \alpha' \parallel_{[C]} \beta}$ if $x \notin C$	$\dfrac{\beta \xrightarrow{x} \beta'}{\alpha \parallel_{[C]} \beta \xrightarrow{x} \alpha \parallel_{[C]} \beta'}$ if $x \notin C$
$\dfrac{\alpha \xrightarrow{x} \alpha' \quad \beta \xrightarrow{y} \beta'}{\alpha \parallel_{[C]} \beta \xrightarrow{x \parallel_{[C]} y} \alpha' \parallel_{[C]} \beta'}$ if $\langle x, y \rangle \in C$		$\dfrac{\alpha \xrightarrow{x} \surd \quad \beta \xrightarrow{y} \surd}{\alpha \parallel_{[C]} \beta \xrightarrow{x \parallel_{[C]} y} \surd}$ if $\langle x, y \rangle \in C$	
$\dfrac{\alpha \xrightarrow{x} \surd \quad \beta \xrightarrow{y} \beta'}{\alpha \parallel_{[C]} \beta \xrightarrow{x \parallel_{[C]} y} \beta'}$ if $\langle x, y \rangle \in C$		$\dfrac{\alpha \xrightarrow{x} \alpha' \quad \beta \xrightarrow{y} \surd}{\alpha \parallel_{[C]} \beta \xrightarrow{x \parallel_{[C]} y} \alpha'}$ if $\langle x, y \rangle \in C$	
$\dfrac{\alpha \xrightarrow{x} \surd}{\alpha \mathbin{\llcorner}_{[C]} \beta \xrightarrow{x} \beta}$		$\dfrac{\alpha \xrightarrow{x} \alpha'}{\alpha \mathbin{\llcorner}_{[C]} \beta \xrightarrow{x} \alpha' \parallel_{[C]} \beta}$	
$\dfrac{\alpha \xrightarrow{x} \surd}{\partial_{[H]}(\alpha) \xrightarrow{x} \surd}$ if $x \notin H$		$\dfrac{\alpha \xrightarrow{x} \alpha'}{\partial_{[H]}(\alpha) \xrightarrow{x} \partial_{[H]}(\alpha')}$ if $x \notin H$	
$\dfrac{\alpha \xrightarrow{x} \surd}{\zeta_{[I]}(\alpha) \xrightarrow{\tau} \surd}$ if $x \in I$	$\dfrac{\alpha \xrightarrow{x} \alpha'}{\zeta_{[I]}(\alpha) \xrightarrow{\tau} \zeta_{[I]}(\alpha')}$ if $x \in I$	$\dfrac{\alpha \xrightarrow{x} \surd}{\zeta_{[I]}(\alpha) \xrightarrow{x} \surd}$ if $x \notin I$	$\dfrac{\alpha \xrightarrow{x} \alpha'}{\zeta_{[I]}(\alpha) \xrightarrow{x} \zeta_{[I]}(\alpha')}$ if $x \notin I$

注：x, y：原子计算行为特征；α, β：特征项；$x \notin C$：x 不需要参与交互；$\langle x, y \rangle \in C$：$\langle x, y \rangle$ 是交互动作。

在表 3-1 中，第一行的变迁规则没有假设条件，因此其结论是恒成立的；第二行是顺序复合的变迁规则；第三行是选择复合的变迁规则；第四行是迭代复合的变迁规则；第五行是并行复合的变迁规则，但是假设执行的动作不属于交互动作；第六行和第七行也是并行复合的变迁规则，但是假设执行的动作是交互动作；第八行是左并行复合的变迁规则，该行的第二个规则描述了左并行复合与并行复合之间的关系；第九行是封装操作的变迁规则；第十行是抽象操作的变迁规则。这样，该表就对行为特征元模型中的所有算子进行了形式操作语义定义。

第三节　从面向动态演化的属性特征建模

在建模行为特征之后，属性特征是面向动态演化的需求建模的另一个重要关注点。因为，一方面，并非所有的软件需求都适合以行为特征的形式建模；另一方面，属性特征建模和行为特征建模互为补充，共同构建一个相对比较完整的需求建模框架。

属性特征的建模对象主要包括两类：第一类是传统需求工程中的非功能需求；第二类是对行为特征模型的补充，用于约束行为特征建模中的组合算子所无法表达的行为特征需求。

对于非功能需求，至今没有一个统一的定义，甚至没有一个完整的非功能需求的列表（金芝，2008）。文献（金芝，2008）进一步将非功能需求定义为附加在系统服务上的约束或限制。由此可见，属性特征建模虽然包含了两类对象，但是两者都是用于约束或限制系统的服务或行为。由于系统的服务是由其行为特征体现出来的，因此，可以用一种统一的建模方式建模这两类对象，这也是本书将这两类对象统一为属性特征的原因。

一、属性特征

软件系统中的服务和行为有多个侧面，因此一个需求模型中会有多个属性特征。对于不同的系统，所关注的属性特征往往不完全相同。即使一个属性特征是多个软件需求模型的共同关注点，在不同的系统中，其重要程度也不相同。

由前文的需求元模型框架图3-1可见，每个属性特征由其属性特征规约和属性作用域组成，属性特征规约描述了该属性特征对系统某一特点的刻画或约束，由一阶谓词公式定义，属性作用域则规定了该属性特征对哪些行为特征起作用。此外，为了考虑属性特征的重要程度，往往需要给属性特征赋予一定的优先级。

定义 3-22（属性特征）　一个属性特征是一个五元组$\langle id, Cons, Dom, P, B\rangle$，满足以下几个条件：

（1）id 是一个属性特征的标识符，该标识符是唯一的；

（2）$Cons$ 是属性特征规约，是一个一阶谓词公式，用于表示行为特征应满足的性质或约束；

（3）Dom 称为属性特征作用域，是一个集合，该集合中的每个元素是一个行为特征的标识符，对应着行为特征树中的一个结点，表明该集合中的每一个行为特征必须满足对应的 $Cons$ 所规定的性质或约束；

（4）P 是一个自然数，代表属性特征的优先级，一般其取值与优先级成正比；

（5）B 是属性特征的绑定时间，包括需求建模时绑定和体系结构建模时绑定。

由定义可见，一个属性特征通过其 Dom 值确定其属性特征规约的作用范围，其作用范围在行为特征中取值，因而将属性特征和行为特征统一为一个整体。

对于一个具体的需求模型而言，其属性特征中 Dom 值的任意一个值对应着行为特征模型的特征树中的一个结点。

属性特征的属性特征规约之间并不是孤立地存在着的。对于同一个（或一组）行为特征而言，满足了一个属性特征规约可能会影响到其他属性特征规约的可满足性，也可能要满足一个属性特征规约必须以满足另一个属性特征规约为前提。因此，属性特征元模型需支持对属性特征规约之间的这种关系进行建模。

定义 3-23（属性特征规约间的互斥）　属性特征规约间的互斥关系是一个二元组$f_u = \langle Cons_1, Cons_2 \rangle$，不存在一个模型使得 $Cons_1$ 和 $Cons_2$ 同时得到满足。

属性特征规约间的互斥关系是一种对称关系。任意一个行为特征不能同时满足存在互斥关系的两个属性特征规约。

定义 3-24（属性特征规约间的依赖）　属性特征规约间的依赖关系是一个二元组 $f_d = \langle Cons_1, Cons_2 \rangle$，任意一个（组）行为特征，若它满足 $Cons_1$ 则它也必须满足 $Cons_2$，称 $Cons_1$ 依赖于 $Cons_2$。

属性特征规约间的依赖关系是一种自反、传递关系，从逻辑学的角度考虑其本质是一种逻辑蕴含关系。

若两个属性特征规约间存在双向依赖关系，即 $f_d = \langle Cons_1, Cons_2 \rangle$ 和 $f_d = \langle Cons_2, Cons_1 \rangle$ 同时成立，则他们构成了一个等价类，即双向依赖关系是一种等价关系。

属性特征之间的关联，主要由两个方面原因引起，其一是前面定义的属性特征规约间的互斥和依赖关系，其二是由于属性作用域的交叠引起。

定义 3-25（结点的作用范围）　属性特征作用域中的每个结点，都对应着行为特征树的一棵子树，由该子树中包含的全部结点对应的行为特征组成的集合，称为该结点的作用范围。

定义 3-26（属性特征的作用范围）　一个属性特征作用域 Dom 中的所有结点，对应的结点作用范围的并集称为该属性特征的作用范围。

定义 3-27（属性特征间的交叠）　两个属性特征 id_1 和 id_2，若他们的属性特征作用范围的交集不为空集，则称特征 id_1 和 id_2 是交叠的，并称它们的作用范围的交集为属性特征的作用域交集。

在对属性特征进行建模的时候，需要特别留意存在交叠的属性特征之间的关系，结合它们的属性特征规约之间的关系，对模型进行规范。

定义 3-28（属性特征模型）　属性特征模型是一个三元组 $M_P = \langle S, D, U \rangle$，其中：

（1）S 是一个属性特征的集合，其中每一个元素是一个属性特征；

（2）D 是一个由属性特征规约间的依赖关系组成的集合，其中每一个元素是一个二元组，描述 2 个不同的属性特征规约之间存在的依赖关系；

（3）U 是一个由属性特征规约间的互斥关系组成的集合，其中每一个元素是一个二元组，描述 2 个不同的属性特征规约之间存在的互斥关系。

由于属性特征间的交叠关系是隐含在属性特征的定义之中的，因此，属性特征模型中无须显式对其进行描述。

关于属性特征模型的规范化将在下一章中进一步讨论。

二、面向动态演化建模的一个重要属性特征

引起构件之间的行为相关性的本质原因是构件之间可以交互，但可以交互的构件不一定会发生交互，而在特定的"源头构件"的作用下会使得特定的一部分可以交互的构件之间发生确实的交互，即导致行为相关性。

　　为了在需求模型中显式支持应对动态演化实施中的行为相关性这一挑战性问题，应对需求模型中将与这些"源头构件"相对应的行为特征区分出来，可以称之为"主动行为特征"。因此，需求元模型中应提供区分"主动行为特征"与"其他行为特征"的机制。但是在行为特征元模型中，并没有对应的机制来支持这一点。因此，本书在属性特征中通过定义一个特殊的属性特征，以支持对主动行为特征的区分。该特殊的属性特征是对行为特征模型的补充和约束，本书称之为主动属性特征。

　　定义 3-29（主动属性特征）　　主动属性特征是一个属性特征，用五元组 $\langle id_A, Cons_A, Dom_A, Max, 1\rangle$ 表示，具体说明如下：

　　（1）id_A 是主动属性特征的标识符，该标识符是唯一的；

　　（2）$Cons_A$ 是一阶谓词公式，是主动属性特征的属性特征规约，表示该主动属性特征的作用域中的行为特征是主动行为特征；

　　（3）Dom_A 是主动属性特征作用域，是一个集合，该集合中的每个元素是一个原子行为特征的标识符，对应着行为特征树中的一个叶子结点；

　　（4）$P=Max$，表示该属性特征具有最高的优先级；

　　（5）$B=1$，表示该属性特征在需求建模时绑定。

　　把原子行为特征中的主动行为特征区分出来，这样不在主动属性特征的作用域中的原子行为特征就是被动行为特征，包含主动原子行为特征的行为特征中都有主动的因素在起作用，都会对行为相关性产生影响和作用；此外，把属性作用域规定在原子行为特征的范围，可以使得行为相关性分析的影响范围最小。

　　考虑到行为相关性分析在动态演化实施中的重要性，因此，在面向动态演化的需求建模中，区分主动行为特征和被动行为特征的重要性也是不言而喻的，故而将主动属性特征的优先级设置为 Max，是一个代表最高优先级的常量。

　　将主动行为特征区分出来，是在需求工程阶段就可以显式支持动态演化的一个重要特征，是在需求建模中对相关性进行管理的一个体现，也为体系结构建模对动态演化的支持奠定基础，因此，主动属性特征应该在需求建模时绑定。

第四节　面向动态演化的需求模型

　　面向动态演化的需求建模的目标是建模出需求模型，在前文对行为特征模型和属性特征模型定义的基础上，可以很简洁地定义面向动态演化的需求模型。

　　定义 3-30（面向动态演化的需求模型）　　面向动态演化的需求模型是一个二元组 $M=\langle M_B, M_P\rangle$，其中：$M_B$ 是行为特征模型，M_P 是属性特征模型。

　　由于属性特征模型中的属性特征通过其作用域指定行为特征模型中的作用范围，从而将行为特征模型和属性特征模型联系在一起，因而面向动态演化的需求模型是一个统一的整体。

一、需求元模型对需求建模要求的支持

在完成设计面向动态演化的需求元模型之后，需要检验所设计的元模型是否支持面向动态演化的需求建模的四点要求。

（1）针对建模要求：通过组合需求部件的方式生成系统的需求模型。需求元模型以行为特征和属性特征为基本的需求部件，简单的行为特征可以通过组合算子复合成复杂的行为特征，进而组合成行为特征模型；属性特征通过交叠关系、规约间的依赖和互斥关系组合成属性特征模型；最终，由行为特征模型和属性特征模型组合成需求模型。可见，需求元模型满足建模需求对本项的要求。

（2）针对建模要求：区分"内部计算"和"外部交互"，并提供机制对内部和外部进行隔离。计算和交互主要集于需求模型中的行为特征模型。在行为特征建模中，首先，区分"计算行为特征"和"交互行为特征"，分别进行建模，并对组合方式使用各自的组合算子；其次，引入的封装操作和抽象操作进一步加强行为特征的封装性和模块化。可见，行为特征元模型满足建模需求对本项的要求。

（3）针对建模要求：区分稳定需求和易变需求。主要通过两个方面支持这一建模要求：其一，在行为特征建模中，以闭项描述稳定需求，以开项描述包含易变点的需求；其二，在属性特征建模中，通过对绑定时间的区分，以在需求建模中绑定的属性特征描述稳定的属性需求，以在体系结构建模中绑定的属性特征描述易变的属性需求。可见，需求元模型满足建模需求对本项的要求。

（4）针对建模要求：区分引起动态相关性的"源头元素"。经过分析，确定引起相关性的源头元素在需求模型中以"主动行为特征"的形式表现。一方面在属性特征模型中，定义一个重要的面向动态演化的属性特征——主动属性特征，通过其作用域区别行为特征中的主动行为特征；另一方面，引起相关性的原因是行为特征中的交互，对这一点的支持前文已作阐述。可见，需求元模型满足建模需求对本项的要求。

综上所述，设计的需求元模型完全支持面向动态演化的需求建模要求。

二、需求模型小结

针对动态演化，本章设计了一个面向动态演化的需求元模型。该需求元模型有很强的针对性，可以满足面向动态演化的需求建模要求，因而可以从源头上支持动态演化；该元模型考虑了一些传统需求建模中没有考虑到的、与动态演化息息相关的因素，因而也完善和充实了现有的需求建模理论；此外，该需求元模型还为面向动态演化的体系结构建模提供了依据和基础。当然，在从需求模型变换为体系结构模型之前，还应对需求模型进一步进行规范化，使得需求模型本身更加结构化、模块化和规范化，也为建模出规范和高质量的面向动态演化的软件体系结构元模型做好准备工作。

第四章 面向动态演化需求模型的规范化

在设计完成面向动态演化的需求元模型之后，就可以作为工具进行需求建模了。由于需求本身的复杂性，需求模型往往需要反复多次的"演化"，使之组织更加合理，关系更加清晰，结构更加规范，这一过程本书称之为需求模型的规范化过程。当然，对需求模型的规范化不应仅仅在需求模型被建立以后，而应该使之在需求建模的过程中就成为建模的指南。本章主要讨论如何对面向动态演化的需求元模型建模出来的需求模型进行规范化。

在面向动态演化的建模方法这一框架下，对需求模型的规范化的意义在于：（1）从需求模型本身的角度，对需求模型的规范化使得需求模型更加合理、优化，是应对需求的复杂性的一种方法；（2）从动态演化的角度，需求规范化的过程是进一步对相关性、封装性等性质的管理，因而需求规范化是在需求工程阶段对动态演化的进一步支持；（3）从体系结构的角度，规范的需求将可以更方便地变换为体系结构模型，变换出的体系结构模型的质量也将更高，因而需求模型的规范化为需求模型向体系结构模型的变换做好了充分的准备。

第一节 行为特征模型的规范化

本节首先提出行为特征规范化的要求，然后以此为基础，定义行为特征的规范形作为规范化的目标，接着以行为特征元模型的公理系统为工具，以等式关系为规范化依据，证明所有的行为特征都可以通过公理系统规范化为规范形。

一、行为特征规范化的要求

行为特征规范化的总体要求是，对已建模出来的需求模型而言，可以通过规范化的手段对模型进行改进；对待建模的软件需求而言，其规范化手段应该成为需求建模的指南。

具体而言，行为特征规范化的要求包含以下几点。

（1）从行为特征进程项对动态演化的支持方面看，应该从进程项的结构角度避免相关性的缠绕。

（2）从行为特征进程项对封装性的支持方面看，应实现遵循"高内聚"和

"低耦合"的标准。

（3）从行为特征进程项的表现形式看，应该使行为特征的风格更加统一，结构更加对称和优雅，即每个行为特征进程项可以转化为一个进程项的"范式"。

二、行为特征的规范形

行为特征规范化的要求已经确定，从要求中可以看出，对行为特征的规范化，其实质是对行为特征进程项的结构进行变换，变换出满足上文三点要求的规范形。为了确定规范形的目标结构，接下来，分别对应行为特征规范化的三点具体要求，进一步提炼规范形的结构要求和目标。

（一）针对第一点要求：为了避免相关性的缠绕

相关性缠绕主要来自两个方面，其一是多层次的交互，其二是迭代中的交互。

多层次的交互会带来一部分的相关性缠绕，但是并非所有的多层次交互都可以避免。因而对于可以避免的多层次交互应该尽量避免，以控制相关性的规模，这一点可以通过封装操作和抽象操作来实现，这样就可以避免内部与不必要的更高层的复合进行交互；而对于不可避免的多层次交互，应把"交互的层次上提"，即避免把一个动作与多个层次的交互都处理成外部交互；对于封装和抽象操作而言，只把与最高层的交互当作外部交互，其他较低层的交互都视为内部交互。

迭代中的交互在需求建模中也是不可避免，因而只能通过对迭代对象的规范化来控制迭代引起的相关性。由于迭代对象也可能具有多个层次，因此对迭代中的交互的处理方式也与多层次的交互一致，即迭代对象也应遵循"交互的层次上提"的原则。

综上所述，对于多层次和迭代中的交互，应遵循先对内部进行规范化的原则，内部规范化的方式是"交互的层次上提"，当然其内部也应满足其他的规范化要求。对应到行为特征的进程项中，即要求形如 $\partial_{[H]}(\alpha)$，$\zeta_{[I]}(\alpha)$，$(\alpha)*$ 的每个行为特征，应先对其内部（即 α）进行规范化，然后再把 $\partial_{[H]}(\alpha)$，$\zeta_{[I]}(\alpha)$，$(\alpha)*$ 当成一个整体，本书称之为粒子行为特征，参与更高层次的规范化。粒子行为特征的定义建立在不包含复合算子 $\partial_{[H]}$，$\zeta_{[I]}$，$*$ 的规范形的基础上，因此要到定义4-4才给出。

因此，针对第一点要求，提炼出结果：对 $\partial_{[H]}$，$\zeta_{[I]}$，$*$ 三个复合算子应特殊处理，即对 $\partial_{[H]}$，$\zeta_{[I]}$，$*$ 三个复合算子的内部结构先进行规范化处理。

（二）针对第二点要求：应实现遵循"高内聚"和"低耦合"的标准

由于已对 $\partial_{[H]}$，$\zeta_{[I]}$，$*$ 三个复合算子特殊处理，因此接下来的分析暂时不考虑这三个算子。

还剩余四个算子需要考虑，分别是 · ，+，$\|_{[C]}$，$\llcorner_{[C]}$。一方面，由于耦合主要是由交互引起的，因此 $\|_{[C]}$ 和 $\llcorner_{[C]}$ 算子应尽量放在外层，以满足低耦合的要求；另一方面，从高内聚的角度考虑，顺序的内聚度显然比选择要高。

因此，针对第二点要求，提炼出结果：$\|_{[C]}$ 和 $\llcorner_{[C]}$ 算子应尽量放在外层（其实质是把交互统一管理，而非分散在各处），+算子次之，·算子应尽量在最内层。

（三）针对第三点要求：应转化为一个风格统一、结构优雅的"范式"

首先，考虑各个算子本身的结构。其中 · ，+，$\|_{[C]}$，$\llcorner_{[C]}$ 四个算子是二元算子，而 $\partial_{[H]}$，$\zeta_{[I]}$，* 三个算子是一元算子。因此，从算子的结构上，得出与第一点类似的结果。

即针对第三点要求，提炼出第一个结果：对 $\partial_{[H]}$，$\zeta_{[I]}$，* 三个算子可特殊处理。

其次，考虑 · ，+，$\|_{[C]}$，$\llcorner_{[C]}$ 四个算子。其中的 $\llcorner_{[C]}$ 算子和 $\|_{[C]}$ 算子都用于表达交互，考虑两点原因：第一，$\|_{[C]}$ 算子满足交换律，而 $\llcorner_{[C]}$ 算子不满足，即 $\|_{[C]}$ 算子的对称性使得其结构更加优雅；第二，$\llcorner_{[C]}$ 算子可以用 $\|_{[C]}$ 算子和·算子表示，即从简洁的角度考虑，$\|_{[C]}$，$\llcorner_{[C]}$，·三个算子之中存在冗余。

因此，针对第三点要求，提炼出第二个结果：只含有 · ，+，$\|_{[C]}$，$\llcorner_{[C]}$ 四个算子的进程项规范化为目标是只包含 · ，+，$\|_{[C]}$ 三个算子。

在以上分析的基础上，结合第二点和第三点的分析，首先定义只含有 · ，+，$\|_{[C]}$，$\llcorner_{[C]}$ 四个算子的规范形。

定义 4-1（只含有 · ，+，$\|_{[C]}$，$\llcorner_{[C]}$ 算子的规范形） 对于一个只含有 · ，+，$\|_{[C]}$，$\llcorner_{[C]}$ 四个算子复合而成的行为特征而言，其进程项的规范形为：$\sum_{i \in I_1} P_{1i} \|_{[C]} \cdots \|_{[C]} \sum_{i \in I_n} P_{1n}$。其中 $n>0$；$\sum_{i \in I_1} P_{1i}$ 为和式，是多个进程子项 P 的选择复合（因选择复合的次序无关紧要）；进程子项 P 的形式是一个只由顺序算子·复合而成的进程项，或是一个原子行为特征。

从只含有 · ，+，$\|_{[C]}$，$\llcorner_{[C]}$ 四个算子的标准形的定义可以看出，第一，该标准形满足交互在外层，选择复合次之，顺序复合在内层的结构；第二，该标准形实现了较好的封装性，即进程子项、和式都是结构良好的封装；第三，该标准形实现了简洁性，即冗余算子 $\llcorner_{[C]}$ 没有在标准形中出现；第四，该标准形结构优雅、风格统一，处在外层的 $\|_{[C]}$ 算子和次外层的+算子都具有良好的对称性，即都是次序无关紧要的。

本书将在定义 4-1 证明只含有 · ，+，$\|_{[C]}$，$\llcorner_{[C]}$ 四个算子的所有进程项

都能变换为标准形。在只含有 · ，+ ，$\|_{[C]}$，$\llcorner_{[C]}$ 四个算子的规范形定义的基础上，可以用 $\partial_{[H]}$，$\zeta_{[I]}$，＊三个算子对其进行封装，本书称之为简单粒子行为特征。

定义 4-2（简单粒子行为特征）　最外层的复合算子是 $\partial_{[H]}$，$\zeta_{[I]}$，＊，且内部不包含以上三个算子的行为特征，若其内部是只含有 · ，+ ，$\|_{[C]}$，$\llcorner_{[C]}$ 四个算子的规范形，则称之为简单粒子行为特征，简单粒子行为特征在更高层的规范化中可以视为一个原子行为特征处理。

对于最外层的复合算子是 $\partial_{[H]}$，$\zeta_{[I]}$，＊的行为特征，先对其内部进行规范化，然后再用 $\partial_{[H]}$，$\zeta_{[I]}$，＊算子组合，这样就保证了 $\partial_{[H]}$，$\zeta_{[I]}$，＊算子内部的规范化，使得多层次的交互和迭代交互的相关性得到一定程度的控制；同时，也使得行为特征模型的内部的模块化更好。

在实现内部结构的规范化之后，简单粒子行为就被当成一个原子行为特征参与到更高层的复合和规范化中。在此基础上，可以定义包含多层的 $\partial_{[H]}$，$\zeta_{[I]}$，＊算子的粒子行为特征。

定义 4-3（两层的粒子行为特征）　最外层的复合算子是 $\partial_{[H]}$，$\zeta_{[I]}$，＊，若其内部存在 $\partial_{[H]}$，$\zeta_{[I]}$，＊算子，且其对应的特征项都是简单粒子行为特征，若对简单粒子行为特征用一个新的原子行为特征的名字替换，替换后的最外层算子的复合对象是只含有 · ，+ ，$\|_{[C]}$，$\llcorner_{[C]}$ 四个算子的规范形，则称之为两层的粒子行为特征。

两层的粒子行为特征又可以进一步在参与到更高层的复合和规范化时，也是被当成是一个原子行为特征来对待。由此，可以定义 n 层的粒子行为特征。

定义 4-4（粒子行为特征）　最外层的复合算子是 $\partial_{[H]}$，$\zeta_{[I]}$，＊，若其内部包含 $\partial_{[H]}$，$\zeta_{[I]}$，＊算子的特征项都是层次比它低的粒子行为特征，最高是 $n-1$ 层的粒子行为特征，$n>1$；且若对层次比它低的粒子行为特征用一个新的原子行为特征的名字替换，替换后的最外层的内部是只含有 · ，+ ，$\|_{[C]}$，$\llcorner_{[C]}$ 四个算子的规范形，则称之为 n 层的粒子行为特征。n 层的粒子行为特征和简单的粒子行为特征统称为粒子行为特征。

在以上定义的基础上，可以递归构造方式定义行为特征的规范形。

定义 4-5（规范形部件的递归构造定义）　行为特征进程项的规范形部件包括规范进程子项、规范和式和规范形，可以被归纳定义：

（1）原子行为特征是规范进程子项，粒子行为特征是规范进程子项；

（2）规范进程子项的顺序复合（·）之后是规范进程子项；

（3）规范进程子项的选择复合（+）之后是规范和式；

（4）规范和式的选择复合（+）之后是规范和式；

（5）规范和式的并行复合（$\|_{[C]}$）之后是规范形；

（6）规范形的并行复合（$\parallel_{[C]}$）之后是规范形；

（7）规范进程子项是规范和式，规范和式是规范形。

行为特征的规范形部件的递归构造定义，从其构造方式揭示了规范形的内部构造，是对规范形的外在表现形式的一种解释。

需要注意的是，规范进程子项、规范和式都是规范形，但规范形不一定是规范进程子项、规范和式，这就限制了对非规范进程子项的规范和式使用顺序复合（·），限制了对非规范和式的规范形式用选择复合（+），这也是行为特征规范化建模的一个重要指南。但是，这种指南给人的感觉是对行为特征建模的一种限制。那么它是否会使得行为特征建模的能力下降呢？

在引入粒子行为特征的概念之后，若能合理地应用封装操作，则会有两方面的好处：第一，在复合的对象行为特征本身是规范形的前提下，若被限制使用顺序复合（·）和选择复合（+），可以先对行为特征本身进行封装，使之成为一个粒子行为特征，这样就不被限制使用顺序复合（·）和选择复合（+）了，从而使得建模能力得到保持；第二，把规范形的行为特征封装为粒子特征，这一复合过程使得被封装对象的封装性和模块性更好。考虑到这两个优点，本书提出行为特征的规范化建模规则。

定义 4-6（行为特征的规范化建模规则） 行为特征建模过程中，若满足以下两条规则，则称满足行为特征的规范化建模规则：

（1）对非规范进程子项的规范和式使用顺序复合（·）之前，应先对规范和式进行封装操作（$\partial_{[H]}$），使之成为一个粒子行为特征，之后再参与顺序复合；

（2）对非规范和式的规范形式用选择复合（+）之前，应先对规范形进行封装操作（$\partial_{[H]}$），使之成为一个粒子行为特征，之后再参与选择复合。

这两条规范化建模规则的提出，其本质原因将在表 4-1 的公理系统中得到解释：第一条规则是由于选择和顺序复合满足右分配率，但不满足左分配率，因此无法保证一定可以把选择复合变换到外层；第二条规则是由于并发和选择复合不满足分配率，而选择和并发是满足分配率的。但是，由于封装操作的引入，使得这两个问题得到很好的解决，同时使得行为特征的模块性更好。

Robin Milner 在文献（R. Milner, 1999）中定义了基于 CCS 的进程表达式的标准形，并证明了每一个进程都与一个标准形结构同余。本书从行为特征进程项的规范化的角度出发，称之为"规范形"。接下来，给出行为特征规范形的定义。

定义 4-7（行为特征的规范形） 行为特征进程项的规范形为：$\sum_{i \in I_1} P_{1i} \parallel_{[C]} \cdots \parallel_{[C]} \sum_{i \in I_n} P_{1n}$。其中 $n>0$；$\sum_{i \in I_1} P_{1i}$ 为和式，是 m 个进程子项 P 的选择复合，$m>0$；进程子项 P 的形式是一个原子行为特征，或一个粒子行为特征，或一个只包含由原子行为特征和粒子行为特征顺序复合（·）而成的进程项。

行为特征的规范形是行为特征规范化的目标，它满足了行为特征规范化的要求。本书接下来将以等式关系为依据，以行为特征元模型的公理系统为工具，证明所有的行为特征都可以通过等式变换，最终变换成为规范形。

三、行为特征元模型的公理系统

公理系统是一个证明系统，由一系列的公理组成；一个公理是一条规则，它用来陈述某个公式是定理（陈意云，1990）。对于任意一组前提，依据公理系统中的公理，可以推导出前提的逻辑推论（陈意云，2010）。

公理系统可以根据其公理的形式分为两类：一类是公理系统中的公理不包含等式，其典型代表如 Hoare 的不变式公理系统（C. A. R. Hoare，1969）、关系数据理论中的 Armstrong 的函数依赖公理系统（Armstrong，1974）等；另一类是更常见的等式公理系统，比如初等算术公理系统等，其中每一个公理可以是带变量的等式，通过对公理中变量的替换，以及用公理的等式两边对同一个上下文进行替换，可以推导出前提的推论。本书提出的行为特征元模型的公理系统属于后者，是一个等式公理系统。

等式公理系统与替换、等式关系等概念关系紧密，在建立行为特征元模型的公理系统之前，本书先定义行为特征元模型中的替换、等式关系等概念。

定义 4-8（替换） 替换 σ 是一个从变量集 V 到行为特征空间中的进程项 $\Gamma(\Sigma)$ 的映射。

由于行为特征空间中的进程项包括四类：（1）原子行为特征常量；（2）行为特征变量；（3）（非行为特征变量的）行为特征开项；（4）（非原子行为特征常量的）行为特征闭项。因此，对应地，不同类型的替换有不同的含义：（1）常量到另一常量的替换，表示原子部件的替换这一类演化；（2）常量到变量的替换，表示推迟绑定；（3）常量到开项的替换，表示细化操作的同时引入易变元素；（4）常量到闭项的替换，表示细化操作；（5）变量到常量的替换，即绑定操作；（6）变量到变量的替换，即改名操作；（7）变量到开项的替换，即细化操作；（8）变量到闭项的替换，即细化和绑定操作；（9）开项到变量的替换，即抽象操作；（10）开项到常量的替换，即抽象和绑定操作；（11）开项到开项的替换，即易变需求的演化；（12）开项到闭项的替换，可能是绑定操作，也可能是绑定和演化操作；（13）闭项到变量的替换，即抽象并推迟绑定；（14）闭项到常量的替换，即抽象操作；（15）闭项到开项的替换，可能是推迟绑定，也可能是演化并推迟绑定；（16）闭项到闭项的替换，描述被替换的闭项的演化。

可见，替换操作具有很丰富的含义，可以描述演化、绑定、抽象和细化等概念；需要注意的是，与前面的组合（或复合）不同，替换不是一种行为特征的组合（或复合）方式。

需要注意的是：替换中的变量集 V 中的元素，与行为特征变量不同；前者可用其他四类进程项进行替换，而后者是为了描述易变特征而引入的，其具体区别可以很容易地依据上下文语境来判断。

定义 4-9（等式关系） 等式关系是行为特征空间中的进程项上的一个二元关系，记为 =，满足以下条件：

（1）等式关系是一种等价关系，即它对于自反、对称和传递是封闭的；

（2）等式关系满足替换性：如果 $r=s$ 是一个公理，那么 $\sigma(r)$ 和 $\sigma(s)$ 满足等式关系，即 $\sigma(r)=\sigma(s)$；

（3）等式关系满足上下文封闭性：对于任意的行为特征项 s，r，o，其中 $r=s$，若 f 是行为特征元模型的一个一元复合算子，则 $f(r)=f(s)$；若 f 是行为特征元模型的一个二元复合算子，则有：$f(r, o)=f(s, o)$ 和 $f(o, r)=f(o, s)$。

定义了等式关系之后，就为行为特征的规范化确定了依据。行为特征的规范化的实质是对行为特征的进程项的结构进行变换，在规范化的过程中，对进程项的结构变换必须保证变换前后的 2 个进程项之间满足等式关系，而等式关系又是依赖于公理系统的。可见，对行为特征的规范化过程，就是以公理系统为工具，使用公理系统中的公理来把不规范的行为特征变换为规范形的过程。

行为特征元模型的公理系统见表 4-1。

表 4-1 行为特征元模型的公理系统

A1：	$\alpha + \beta = \beta + \alpha$	A2：	$\alpha + \alpha = \alpha$
A3：	$\alpha + (\beta + \gamma) = (\alpha + \beta) + \gamma$	A4：	$(\alpha \cdot \beta) \cdot \gamma = \alpha \cdot (\beta \cdot \gamma)$
A5：	$(\alpha + \beta) \cdot \gamma = \alpha \cdot \gamma + \beta \cdot \gamma$	B1：	$\alpha^* \cdot \beta = \alpha \cdot (\alpha^* \cdot \beta) + \beta$
B2：	$\alpha^* \cdot (\beta \cdot \gamma) = (\alpha^* \cdot \beta) \cdot \gamma$	B3：	$(\alpha + \beta)^* \gamma = \alpha^* \cdot (\beta \cdot ((\alpha + \beta)^* \cdot \gamma) + \gamma)$
C1：	$x^{\llcorner}{}_{[C]} \alpha = x \cdot \alpha$	C2：	$(x \cdot \alpha)^{\llcorner}{}_{[C]} \beta = x \cdot (\alpha \parallel_{[C]} \beta)$
C3：	$(\alpha + \beta)^{\llcorner}{}_{[C]} \gamma = \alpha^{\llcorner}{}_{[C]} \gamma + \beta^{\llcorner}{}_{[C]} \gamma$	C4：	$x = x \parallel_{[C]} \bigvee \quad \text{if} <x, \bigvee > \in C$
C5：	$\beta \parallel_{[C]} \alpha = \alpha \parallel_{[C]} \beta$	C6：	$\alpha \parallel_{[C]} (\beta \parallel_{[C]} \gamma) = (\alpha \parallel_{[C]} \beta) \parallel_{[C]} \gamma$
C7：	$(\alpha + \beta) \parallel_{[C]} \gamma = \alpha \parallel_{[C]} \gamma + \beta \parallel_{[C]} \gamma$	C8：	$\alpha \parallel_{[C]} (\beta + \gamma) = \alpha \parallel_{[C]} \beta + \alpha \parallel_{[C]} \gamma$
D1：	$\partial_{[H]}(\alpha + \beta) = \partial_{[H]}(\alpha) + \partial_{[H]}(\beta)$	D2：	$\partial_{[H]}(\alpha \cdot \beta) = \partial_{[H]}(\alpha) \cdot \partial_{[H]}(\beta)$
E1：	$\zeta_{[I]}(x) = x \quad \text{if} x \notin I$	E2：	$\zeta_{[I]}(x) = \tau \quad \text{if} x \in I$
E3：	$\zeta_{[I]}(\alpha + \beta) = \zeta_{[I]}(\alpha) + \zeta_{[I]}(\beta)$	E4：	$\zeta_{[I]}(\alpha \cdot \beta) = \zeta_{[I]}(\alpha) \cdot \zeta_{[I]}(\beta)$

注：x，y：原子计算行为特征；α，β，γ：行为特征项；$x \notin c$：x 不需要参与交互；$\langle x, y \rangle \in C$：$\langle x, y \rangle$ 是交互动作。

在表 4-1 中，A1 ~ A5 是顺序复合算子和选择复合算子的公理，选择算子满足交换律、等幂律和结合律；顺序算子满足结合律，但不满足交换律；需要注意的是 A5：选择和顺序复合满足右分配率，但不满足左分配率，即 $\gamma \cdot (\alpha + \beta) = \gamma \cdot \alpha + \gamma \cdot \beta$ 是不成立的，原因在于该式子的左边在执行完 γ 后可以选择执行 α 或 β，

而右边却在执行 γ 前已经做出选择，因此在执行 γ 后已经没有选择的机会了，只能按原先的选择继续执行下去。这一点在进程代数理论中一般通过互模拟来解释，即 $\gamma \cdot (\alpha + \beta)$ 和 $\gamma \cdot \alpha + \gamma \cdot \beta$ 不是互模拟关系。

B1 ~ B3 是迭代复合算子的公理，其中 B1 实质就是迭代复合算子的定义，B2 描述了迭代算子在顺序复合的上下文中是满足结合律的，B3 由 Bergstra 提出并证明了其对互模拟等价的可靠性（Bergstra，1994）。

C1 ~ C8 是与交互相关的公理，其中 C1 和 C2 提供了将左并行复合转化为顺序复合和并行复合的方法，也从一个侧面说明了左并行复合不是必需的，当然，左并行复合使得一些情况下的需求建模更直观；C3 说明选择和左并行复合满足右分配率；C4 是为了使特征项的规范化过程的方便而引入的，它说明一个动作的执行可以看成该动作与空计算行为特征 $\sqrt{}$ 的交互；C5 和 C6 说明并行复合满足交换律和结合律；C7 和 C8 说明选择和并行复合满足左、右分配率，这也是并行算子跟左并行算子相比更加优雅和对称的特点。

D1 和 D2 是关于封装操作的公理，而且封装操作对选择和顺序算子都是可分配的；E1—E4 是关于抽象操作的公理，E1 和 E2 是对抽象对象的描述，即被抽象的动作变成哑动作 τ，而不被抽象的动作保持不变；E3 和 E4 也展示了抽象操作对选择和顺序算子都是可分配的这一优良性质。

四、行为特征可规范化的完备性定理

行为特征进程项的规范形已经明确，那么接下来关键的问题是，是否所有的行为特征进程项，通过公理系统进行等式关系变换都能转化为规范形？如果可以，应该能够从数学的角度证明它。

本书无法证明所有的行为特征进程项都一定可以转化为规范形；但是，退而求其次，本书可以证明满足行为特征规范化建模规则的行为特征，一定可以通过公理系统进行等式关系变换，转化为规范形。接下来，本书将从数学的角度证明：所有满足行为特征规范化建模规则的行为特征，都可以通过公理系统进行等式关系变换转化为规范形，本书称之为行为特征可规范化的完备性定理。

定理 4-1（完备性定理）　所有满足行为特征规范化建模规则的行为特征都可以变换为规范形。

证明：使用结构归纳法，对行为特征的秩进行归纳证明。

（1）秩为 1 的行为特征，包括原子行为特征常量和行为特征变量，都是规范子项，进而都是规范形。

（2）假设秩为 n 的行为特征 M 和 N 都是行为特征的规范形，证明通过 M 和 N 复合而成的秩为 $n+1$ 的行为特征都是规范形。

1）对于一元复合算子 $*$，$\partial_{[H]}$，$\zeta_{[I]}$，由于 M 和 N 都是规范形，所以（M）$*$、

$\partial_{[H]}(M)$、$\zeta_{[I]}(M)$ 都是粒子行为特征，因而它们也都是规范子项，进而都是规范形。

2）对于顺序复合算子·，由于 M 和 N 都是规范形，分三种情况：第一，M 和 N 都是规范子项，则两个规范子项的顺序复合 M·N 和 N·M，还是规范子项，进而是规范形；第二，M 和 N 是规范形，但存在其中之一不是规范子项，假设 M 不是规范子项，根据规范化建模规则，应先将 M 进行封装，得到 $\partial_{[H]}(M)$ 粒子行为特征，之后再进行顺序复合，得到 $\partial_{[H]}(M)\cdot N$ 和 $N\cdot\partial_{[H]}(M)$ 都是规范子项，进而是规范形；第三，M 和 N 是规范形，但都不是规范子项，证明类似上一种情况。

3）对于选择复合算子+，由于 M 和 N 都是规范形，分三种情况：第一，M 和 N 都是规范和式，则两个规范和式的选择复合 $M+N=N+M=\sum_{i\in I}P_i$，其中 $I=2$，$P_1=M$，$P_2=N$；即选择复合的结果还是规范和式，进而是规范形；第二，M 和 N 是规范形，但存在其中之一不是规范和式，假设 M 不是规范和式，根据规范化建模规则，应先将 M 进行封装，得到 $\partial_{[H]}(M)$ 粒子行为特征，之后再进行选择复合，因为 N 是规范和式，所以得到的 $\partial_{[H]}(M)+N$ 和 $N+\partial_{[H]}(M)$ 都是规范和式，进而是规范形；第三，M 和 N 是规范形，但都不是规范和式，证明类似上一种情况。

4）对于并行复合算子 $\|_{[C]}$，由于 M 和 N 都是规范形，因此其并行复合的特征项 $M\|_{[C]}N$ 和 $N\|_{[C]}M$ 都是规范形。

5）对于左并行复合算子 $\llcorner_{[C]}$，证明 $M\llcorner_{[C]}N$ 为规范形（$N\llcorner_{[C]}M$ 证明方法类似）。分两种情况讨论：第一，M 是原子行为特征，根据公理 C1，$M\llcorner_{[C]}N=M\cdot N$，由（1）可知 M·N 是规范形；第二，M 不是原子行为特征，则设 $M=x\cdot M'$，其中 x 起到控制作用，根据公理 C2，$M\llcorner_{[C]}N=x\cdot(M'\|_{[C]}N)$，由于 M' 是规范形，因此 $M'\|_{[C]}N$ 是规范形，进而 $\partial_{[H]}(M'\|_{[C]}N)$ 是粒子行为特征，$M\llcorner_{[C]}N=x\cdot\partial_{[H]}(M'\|_{[C]}N)$ 是规范子项，进而是规范形。

综合（1）~（5）可知，在秩为 n 的行为特征基础上，每一种复合得到的秩为 $n+1$ 的行为特征都可以转化为规范形。

（3）所有满足行为特征规范化建模规则的行为特征都可以变换为规范形。

证毕。

由行为特征可规范化的完备性定理可知，在满足行为特征规范化建模规则的前提下，所有的行为特征都可以通过公理系统的等式关系变换，转化为规范形，为进一步研究从以行为特征的规范形为基础的属性特征模型规范化，以及需求模型向体系结构模型的转换奠定了基础。

第二节 属性特征模型的规范化

在完成了行为特征模型的规范化之后，接下来考虑属性特征模型的规范化。

本节首先提出属性特征模型规范化的要求，然后以此为基础，考虑不同的规范化程度，将属性特征模型规范化为属性特征模型第一范式到第四范式，并给出将低级别范式转化为高级别范式的算法。

一、属性特征模型规范化的要求

属性特征模型规范化的总体要求是，与行为特征的规范化一起，共同构建相对完整的需求模型的规范化体系。

具体而言，属性特征模型的规范化主要考虑以下几点。

（1）考虑与行为特征模型的参照完整性。属性特征通过其作用域指定作用范围，作用范围的取值是行为特征模型中特征树的结点。参照完整性是指，属性特征指定的作用域中的结点，必须是在行为特征模型中存在的结点，否则属性特征模型将丧失参照完整性。

（2）考虑属性特征模型的依赖一致性。属性特征规约之间存在着依赖关系。因此，一个行为特征在满足一个属性特征规约（假设为 $Cons_1$）之时，若该属性特征规约依赖于另一个属性特征规约（假设为 $Cons_2$），则该行为特征也应满足 $Cons_2$，即 $Cons_2$ 对应的属性特征的作用范围应该包含该行为特征。另一个需保证依赖一致性的原因是"互斥的依赖传递规则"（参见规则4-3），若没有保证依赖一致性，有可能遗漏一些隐藏的互斥关系。这也是本书在规范化过程中，先考虑依赖再考虑互斥的原因。因此，规范的属性特征模型必须保证这种依赖一致性。

（3）考虑属性特征模型的无矛盾性。由于属性特征规约之间除了依赖关系，还存在着互斥关系，因此，若互斥的属性特征规约对应的属性特征间存在着交叠，即它们的作用范围的交集不为空集，则有可能引入矛盾。此外，还需考虑"互斥的依赖传递规则"引起的互斥。因此，规范的属性特征模型必须避免这种矛盾，即保证属性特征模型的无矛盾性。

（4）考虑属性特征作用域的最简性。属性特征作用域是一个集合，集合中的每一个元素对应着行为特征树中的一个结点。在建模过程中、对矛盾性和一致性的处理过程中，都有可能在该集合中引入冗余结点。在行为特征树中，一个祖先结点的作用范围包含了其子孙结点的作用范围，因此，若作用域中同时包含祖先结点和子孙结点，可以把子孙结点从集合中去掉，使得模型更加简洁。

二、需求模型的参照完整性

首先考虑参照完整性，参照完整性是需求模型的最基本要求，不满足参照完整性的需求模型是不完整的模型。接下来给出其定义。

定义 4-10（参照完整性）　对于需求模型 $M = \langle M_B, M_P \rangle$，属性特征模型 M_P 中的每一个属性特征中的作用域 Dom，若 Dom 中的每一个元素都可以在行为特

征模型 M_B 的特征树中找到一个结点与之对应，则称需求模型 M 满足参照完整性。

参照完整性可以用一个简单的算法判定。

算法 4-1（参照完整性判定算法）　判定需求模型是否满足参照完整性的算法。

输入：MB，MP

输出：T（满足参照完整性），F（不满足）

（1）Foreach FP in MP

　　（1.1）Foreach id in Dom

　　　　（1.1.1）If id ∉ MB. T then 返回 F，结束

（2）返回 T，结束

算法 4-1 判断是否每个属性特征的作用域中的每个元素，都存在一个在行为特征的特征树中的结点与之对应。

三、需求模型的依赖一致性

由于属性特征规约间的依赖和互斥关系，需求模型的一致性包括依赖一致性和互斥一致性。首先，考虑依赖一致性。

定义 4-11（依赖一致性）　对于需求模型 $M = \langle M_B, M_P \rangle$，$M_P$ 中任意 2 个属性特征 F_{P1} 和 F_{P2}，若 F_{P1} 对应着的属性特征规约 $Cons_1$ 依赖于 F_{P2} 的 $Cons_2$，即 $\langle Cons_1, Cons_2 \rangle \in M_P. D$，即满足以下两点：首先，$F_{P1}$ 对应着的作用域 Dom_1 所包含的作用范围是 F_{P2} 对应着的作用域 Dom_2 所包含的作用范围的子集，即 $Ran_{FP1} \subseteq Ran_{FP2}$；其次，$F_{P1}$ 对应的优先级 P_1 小于等于 F_{P2} 的优先级 P_2，即 $P_1 \leqslant P_2$，则称需求模型 M 满足依赖一致性。

其中，要求 $P_1 \leqslant P_2$ 是因为 $Cons_1$ 依赖于 $Cons_2$，若 F_{P2} 无法满足则 F_{P1} 必定也无法满足，因此应先满足被依赖的属性特征，即 F_{P2} 的优先级应比 F_{P1} 的优先级要高。为判定需求模型是否满足依赖一致性，首先给出求属性特征的作用范围的算法。

算法 4-2（求作用范围算法）　求属性特征的作用范围的算法。

输入：MB，MP，FP

输出：集合 RanFP

（1）Set 新集合 RanFP 为 ∅

（2）Foreach id in Dom

　　（2.1）find FB in MB. T where id = FB. id

　　（2.2）遍历子树 FB，add 每个结点 into RanFP

（3）Return RanFP

算法 4-2 第 2.2 步关于树的遍历，已有现成的经典算法，限于篇幅，本书不再重复。接下来，给出依赖一致性判定算法。

算法 4-3（依赖一致性判定算法）　判定需求模型是否满足依赖一致性的算法。

输入：MB，MP

输出：T（满足依赖一致性），F（不满足）

（1）Foreach 〈Cons1，Cons2〉 in MP. D

　（1.1）Foreach（FP1. Cons1 = Cons1）and（FP2. Cons2 = Cons2）

　　（1.1.1）If FP1. P ≥ FP2. P then 返回 F，结束

　　（1.1.2）Call 算法 4-2，得 RanFP1 和 RanFP2

　　（1.1.3）Foreach id in RanFP1

　　　（1.1.3.1）If id ∉ RanFP2 then 返回 F，结束

（2）返回 T，结束

算法 4-3 第 1.1.2 步调用算法 4-2 求得属性特征的作用范围。

四、需求模型的互斥一致性

对于属性特征规约之间的互斥关系，若互斥的属性特征规约对应的属性特征间存在着交叠，即它们的作用范围的交集不为空集，则有可能引入矛盾，即互斥的不一致。具体来说，互斥的不一致性表现在，对同一个行为特征而言，两个互斥的属性特征规约都要求该行为特征满足其约束，而从互斥关系的定义出发这是无法满足的。

定义 4-12（互斥一致性）　对于需求模型 $M = \langle M_B, M_P \rangle$，$M_P$ 中任意 2 个属性特征 F_{P1} 和 F_{P2}，若它们存在交叠关系，则它们对应的属性特征规约之间不存在互斥关系，即 $\langle Cons_{FP1}, Cons_{FP2} \rangle \notin M_P. U$，那么称需求模型 M 满足互斥一致性。

接下来，给出互斥一致性判定算法。

算法 4-4（互斥一致性判定算法）　判定需求模型是否满足互斥一致性的算法。

输入：MB，MP

输出：T（满足互斥一致性），F（不满足）

（1）Foreach FP1 in MP. S

　（1.1）Foreach FP2 in MP. S

　　（1.1.1）Call 算法 4.2，得 RanFP1 和 RanFP2

　　（1.1.2）If RanFP1 ∩ RanFP2 ≠ ∅ then

　　（1.1.3）{If〈ConsFP1，ConsFP2〉∈ MP. U

　　（1.1.4）then 返回 F，结束}

（2）返回 T，结束

算法 4-4 通过先判断 2 个属性特征是否交叠，对交叠关系的 2 个属性特征再判断其属性特征规约是否是互斥关系，来判定互斥一致性。对于互斥一致性的判

定，还可以采取另一种思路：先取出每对互斥关系二元组，然后依次判断它们对应的属性特征是否交叠，若交叠则不满足互斥一致性，若所有的互斥关系对应的属性特征都不交叠，则满足互斥一致性。

五、属性特征模型范式

在判定需求模型的一致性之后，若得出不一致的结论，应进一步把不一致的模型转化为满足一致性的模型。此外，依赖一致性和互斥一致性之间应先保证哪种一致性，它们之间如何相互影响？接下来，本书通过将需求模型规范化的方法，提出一种逐步将不一致的需求模型规范化为一致性的需求模型的方法。

（一）属性特征模型第一范式

由于参照完整性是一个模型的最基本要求，同时是对模型进行规范化的基本要求，不满足参照完整的模型必然是在建模过程中出现错误的模型。因此，本书把参照完整性作为属性特征模型规范化的基础，把它作为属性特征模型第一范式的必要条件。

定义 4-13（属性特征模型第一范式） 在需求模型 $M=\langle M_B, M_P\rangle$ 中，对于其属性特征模型 M_P，称它满足属性特征模型第一范式，当且仅当它满足参照完整性，记为 1RNF。

第一范式的定义为进一步规范化需求模型奠定了基础。

（二）属性特征模型第二范式

在定义属性特征模型第二范式之前，需要考虑先处理依赖一致性，还是先处理互斥一致性这一问题。有两种可能的处理方式。

（1）先处理互斥一致性问题，即先保证互斥一致性之后再保证依赖一致性。由于依赖一致性的传递性，可能在处理依赖一致性时会引入新的交叠关系，而这些交叠关系不满足互斥一致性，这样又必须回过头再次处理互斥一致性问题。

（2）先处理传递一致性问题，即先保证依赖一致性之后再保证互斥一致性。由于先保证了依赖一致性，因此在处理互斥一致性的时候，对于隐含的交叠关系已经在依赖一致性的处理中全部呈现，这为互斥一致性的处理提供了方便。

综合以上考虑，本书采取先保证依赖一致性，再保证互斥一致性的方法。因此，在属性特征模型第一范式的基础上，把依赖一致性作为属性特征模型第二范式的基本要求。

定义 4-14（属性特征模型第二范式） 在需求模型 $M=\langle M_B, M_P\rangle$ 中，对于其属性特征模型 M_P，若 M_P 满足 1RNF，且满足依赖一致性，则称它满足需求模型第二范式，记为 2RNF。

在定义 2RNF 之后，关键的问题在于如何将一个满足 1RNF 的属性特征模型规范化为满足 2RNF 的模型。在此之前，需要先给出规范化过程对依赖关系的优先级的处理规则。

规则 4-1（依赖关系的优先级提升规则）　对于需求模型 $M = \langle M_B, M_P \rangle$，$M_P$ 中任意两个属性特征 F_{P1} 和 F_{P2}，若 F_{P1} 的属性特征规约 $Cons_1$ 依赖于 F_{P2} 的 $Cons_2$，即 $\langle Cons_1, Cons_2 \rangle \in M_P.D$，且 F_{P1} 的优先级高于 F_{P2} 的优先级，即 $F_{P1}.P > F_{P2}.P$，则在对需求模型进行依赖一致性规范化的时候，应把 $F_{P2}.P$ 的值提升为 $F_{P1}.P$ 的值。

依赖关系的优先级提升规则，从逻辑学的角度其含义是：$Cons_1$ 逻辑蕴含 $Cons_2$，而 $Cons_1$ 对应的优先级高于 $Cons_2$ 对应的优先级，自然 $Cons_2$ 对应的优先级应与蕴含它的 $Cons_1$ 一样高。否则，在处理互斥关系（需要依据优先级进行规范化）的时候，对 $Cons_1$ 和 $Cons_2$ 的处理无法一致。

由于依赖关系是传递、自反关系，因此依赖关系集 D 构成一个偏序集合。对于偏序集合中的每个依赖关系，在规范化过程中处理的顺序不同也会对依赖一致性产生影响，因此，本书先定义依赖关系集合 D 中的极大元素。

定义 4-15（依赖关系集的极大元素）　若存在两个依赖关系 $f_{d1} = \langle Cons_1, Cons_2 \rangle$ 和 $f_{d2} = \langle Cons_2, Cons_3 \rangle$，则称 f_{d1} 是的 f_{d2} 序；同时，若一个依赖关系集合 D 中的一个依赖关系 f_d，若 f_d 在集合 D 中不存在序，则称它是该集合的一个极大元素。

在以上定义基础上，给出进行依赖一致性规范化的另一个规则。

规则 4-2（极大元素优先处理规则）　对于需求模型 $M = \langle M_B, M_P \rangle$，在对需求模型中的属性特征模型进行依赖一致性规范化处理时，每次优先处理依赖关系集合 D 中的一个极大元素。

之所以要优先处理一个极大元素，是因为极大元素没有序；若先处理一个非极大元素（即存在序的元素，比如定义 4-14 中的 f_{d2}），则在后面处理该元素的序对应的依赖关系时（比如定义 4-14 中的 f_{d1}），有可能造成前面已处理过的依赖关系一致性的破坏（如定义 4-14 中，处理 f_{d1} 改变了 $Cons_2$ 对应的属性特征的作用域，造成已处理过的非极大元素 f_{d2} 对应的依赖一致性的破坏）。

在以上的规则的基础上，下面给出把满足 1RNF 的模型提升到 2RNF 的算法。

算法 4-5（1RNF 转化为 2RNF 算法）　把满足 1RNF 的属性特征模型转化为满足 2RNF 的模型的算法。

输入：满足 1RNF 的 M = ⟨MB, MP⟩

输出：满足 2RNF 的 M = ⟨MB, MP⟩

（1）Set D′ = MP.D

（2）while D′ ≠ ∅

　　（2.1）｛Get D′ 中的一个极大元 fd = ⟨Cons1, Cons2⟩

　（2.2）　D′=D′-｛fd｝

　（2.3）　If FP1. P>FP2. P　then FP2. P=FP1. P

　（2.4）　Call 算法 4.2，得 RanFP1 和 RanFP2

　（2.5）　Foreach id in RanFP1

　　　（2.5.1）　RanFP2=RanFP2∪｛id｝

　（2.6）　根据 RanFP2，更新 FP2. Dom｝

（3）　输出 M=⟨MB，MP⟩，结束

算法 4-5 先设置一个新集合 $D′$，并初始化为需求模型的依赖关系集合，之后每次从中取出一个极大元素处理，处理的同时把该元素从集合中删除；每次处理先对优先级依据规则 4-1 进行处理，然后再把依赖关系的前元对应的作用范围都加入后元对应的作用范围之中，从而改变后元对应的作用域。经这样处理之后，需求模型中的属性特征模型将满足 2RNF。算法中作用域更新使得第二元的作用域对应的集合变大，同时也可能引入了冗余元素，这一点留到第四范式中处理。

（三）　属性特征模型第三范式

在保证依赖一致性的基础上，接下来考虑互斥一致性，并把它作为需求模型第三范式 3RNF 的基本要求。

定义 4-16（**属性特征模型第三范式**）　在需求模型 $M=⟨M_B，M_P⟩$ 中，对于其属性特征模型 M_P，若 M_P 满足 2RNF，且满足互斥一致性，则称它满足属性特征模型第三范式，记为 3RNF。

首先，考虑依赖关系与互斥关系之间的相互作用，给出互斥的依赖传递规则。

规则 4-3（**互斥的依赖传递规则**）　对于需求模型 $M=⟨M_B，M_P⟩$，互斥的依赖传递规则指：对于模型中的 3 个属性特征规约 $Cons_1$，$Cons_2$，$Cons_3$，若 $Cons_1$ 依赖于 $Cons_2$（$⟨Cons_1，Cons_2⟩∈D$），且 $Cons_2$ 和 $Cons_3$ 是互斥关系（$⟨Cons_2，Cons_3⟩∈U$），则 $Cons_2$ 和 $Cons_3$ 的互斥关系会被传递给 $Cons_1$ 和 $Cons_3$，即 $Cons_1$ 和 $Cons_3$ 也是互斥关系（$⟨Cons_1，Cons_3⟩∈U$）。

这一规则从逻辑学的角度很好解释，依赖关系作为一种逻辑蕴含，$Cons_1$ 依赖于 $Cons_2$ 可以解释为 $Cons_1$ 逻辑蕴含 $Cons_2$，$Cons_2$ 和 $Cons_3$ 互斥的实质是它们不协调，即没有模型满足 $Cons_2$ 和 $Cons_3$，自然也不会有模型满足 $Cons_1$ 和 $Cons_3$。

接着，考虑互斥一致性处理过程中可能出现的不一致，当出现不一致时，应遵循优先级高的属性特征优先的规则。

规则 4-4（**优先级高者优先规则**）　对于需求模型 $M=⟨M_B，M_P⟩$，若 M_P 中的两个属性特征 F_{P1} 和 F_{P2} 存在交叠关系，记集合 $Q=Ran_{FP1}∩Ran_{FP2}$；同时，它们对应的属性特征规约之间存在互斥关系，即 $⟨Cons_{FP1}，Cons_{FP2}⟩∈M_P. U$，这时

对 Q 进行互斥一致性规范化应根据 F_{P1} 和 F_{P2} 对应的优先级的高低来决定，以优先级高者优先，优先级低者对应的属性作用范围应缩小，即应为减去 Q 之后的属性作用范围对应的作用域。

当违背互斥一致性的部分对应的两个属性特征的优先级不同的时候，可以依据优先级高者优先的规则进行处理；当恰好它们对应优先级也相同时，则必须用其他方法处理，本书采取"作用域分离"的规则。

规则 4-5（同优先级的作用域分离规则）　对于需求模型 $M = \langle M_{B}, M_{P} \rangle$，若 M_{P} 中的两个属性特征 F_{P1} 和 F_{P2} 存在交叠关系，记集合 $Q = Ran_{FP1} \cap Ran_{FP2}$；同时，它们对应的属性特征规约之间存在互斥关系，即 $\langle Cons_{FP1}, Cons_{FP2} \rangle \in M_{P}.U$，且 F_{P1} 和 F_{P2} 对应的优先级相同，此时需要分离作用域，即 F_{P1} 和 F_{P2} 对应的属性作用域都缩小为减去 Q 之后的属性作用范围对应的作用域，同时设立新的属性特征 $F_{Pnew} = \langle id_{new}, Cons_1 \vee Cons_2, Dom_{new}, P, B \rangle$，其中 Dom_{new} 对应交叠部分，P 与 F_{P1} 和 F_{P2} 都相同，$B = 0$ 即推迟绑定。

在以上规则的基础上，下面给出把满足 2RNF 的属性特征模型提升到满足 3RNF 的算法。

算法 4-6（2RNF 转化为 3RNF 算法）　把满足 2RNF 的属性特征模型转化为 3RNF 的模型的算法。

输入：满足 2RNF 的 $M = \langle MB, MP \rangle$

输出：满足 3RNF 的 $M = \langle MB, MP \rangle$

(1) Foreach $\langle Consi, Consj \rangle \in MP.D$

　　(1.1) Foreach $\langle Consm, Consn \rangle \in MP.U$

　　　　(1.1.1) If Consm = Consj then $U = U \cup \langle Consi, Consn \rangle$

(2) Set $U' = U$

(3) while $U' \neq \varnothing$

　　(3.1) {Get U'中的任意一个元素 fu = $\langle Cons1, Cons2 \rangle$

　　(3.2) $U' = U' - \{fu\}$

　　(3.3) Call 算法 4-2，得 RanFP1 和 RanFP2

　　(3.4) Set Rannew = RanFP1 $\cap$ RanFP2

　　(3.5) If Rannew $\neq \varnothing$

　　　　(3.5.1) { If FP1.P > FP2.P

　　　　　　(3.5.1.1) {RanFP2 = RanFP2 - Rannew}

　　　　(3.5.2) Else if FP2.P > FP1.P

　　　　　　(3.5.2.1) {RanFP1 = RanFP1 - Rannew}

　　　　(3.5.3) Else {

　　　　　　(3.5.3.1) RanFP1 = RanFP1 - Rannew

　　　　　　(3.5.3.2) RanFP2 = RanFP2 - Rannew

　　　　　　(3.5.3.3) Set Fnew = $\langle$idnew, Cons1 $\vee$ Cons2, Domnew, P, B$\rangle$; P = FP1.P; B = 0

（3.5.3.4）add Fnew into MP. S}//end 3.5.3 Else

（3.5.4）Update FP1. Dom and FP2. Dom}//end 3.5If

} //end While

（4）输出 M=⟨MB，MP⟩，结束

算法 4-6 的基本思想是，前 3 行首先应用规则 4-3 把隐含的互斥关系扩充到互斥关系集合之中；然后对每一个违背互斥一致性的互斥关系，先按规则 4-4 进行处理，即优先级高者优先；然后，对于优先级相等的，采取规则 4-5 的作用域分离规则，设置新的属性特征 F_{new}，并加入属性特征集合中，同时缩小对应的两个属性特征的作用域。

（四）属性特征模型第四范式

接下来，考虑属性特征模型规范化的第四个要求：属性特征作用域的最简性。由于建模过程和规范化过程都可能使得属性特征的作用域存在冗余，即处于同一个作用域中的两个元素所对应的行为特征结点，其中的一个结点是另一个结点在行为特征树中的祖先，由于祖先结点的作用范围，包含了子孙结点的作用范围，因此，子孙结点在作用域中是冗余了。

定义 4-17（最简属性特征）　对于一个属性特征 id_n，其作用域 Dom 中的任意两个元素对应的行为特征 id_i 和 id_j，若它们在特征树中对应的结点是祖先结点和子孙结点的关系，则称子孙结点在是冗余的，子孙结点在 Dom 中对应的元素是冗余元素；若属性特征 id_n 的作用域 Dom 中不存在冗余元素，则称 id_n 是最简属性特征。

定义 4-18（最简性）　对于一个属性特征模型 M_P，若其属性特征集合 S 中的每一个特征都是最简属性特征，则称属性特征模型 M_P 满足最简性。

在第三范式的基础上，考虑最简性可以进一步定义第四范式。

定义 4-19（属性特征模型第四范式）　在需求模型 $M=⟨M_B，M_P⟩$ 中，对于其属性特征模型 M_P，若它满足第三范式，且满足最简性，则称它满足第四范式，记为 4PNF。

下面给出把满足第三范式的属性特征模型提升到满足第四范式的算法。

算法 4-7（3RNF 转化为 4RNF 算法）　把满足 3RNF 的属性特征模型转化为 4RNF 的模型的算法。

输入：满足 3RNF 的 M=⟨MB，MP⟩

输出：满足 4RNF 的 M=⟨MB，MP⟩

（1）Set S'=∅

（2）While S'≠S Do {

　　（2.1）Foreach s in S

　　　　（2.1.1）If s∉U'

（2.1.1.1）｛Add s into S′

（2.1.1.2）按照秩的大小对 Doms 中的结点进行排序

（2.1.1.3）Foreach 未标记的 Max（rk(α)）in Doms

　（2.1.1.3.1）Foreach β≠α in Doms

　　（2.1.1.3.1.1）若 β 是 α 的子孙结点，则从 Doms 中删除 β

　（2.1.1.3.2）标记 α｝//end（2.1.1）If

｝//end While

（3）输出 M=⟨MB, MP⟩，结束

算法中依据秩的大小来删除冗余元素，由于子孙特征的秩一定小于祖先特征的秩，因此，该方法可以确保把所有冗余元素从 *Dom* 集合中删除，最终得到最简属性特征。

对于属性特征模型规范化的 4 个级别，由其定义可知，各种范式之间的联系有 4PNF⊂3PNF⊂2PNF⊂1PNF 成立。由于完整性、依赖一致性和无矛盾性对需求模型而言都是比较重要的，因此，一般建议对属性特征模型的建模，应达到第三范式。若能规范化到第四范式，将使得属性特征模型更加简洁。此外，对于一些小型的目标系统而言，属性特征之间的互斥关系和冗余关系可能不存在，则只需要建模到满足 2RNF；对于大型的目标系统而言，属性特征之间的互斥关系则往往不可避免。

六、小结

本章通过分而治之的策略，分别对需求模型的行为特征模型和属性特征模型进行规范化。行为特征模型的规范化主要是对行为特征对应的进程项的规范化，通过设计行为特征的特征项规范形，证明了可以通过公理系统将满足行为特征规范化建模规则的行为特征转化为规范形。对于属性特征模型，通过设定不同级别的规范化标准，将其规范化程度分为第一范式到第四范式，并给出了从低级别范式转化到高级别范式的算法。

对需求模型的规范化进行研究，一方面，可以使之成为需求建模的指南；另一方面，有利于把建模得到的不规范的需求模型转换为规范化的需求模型，进而进一步支持软件的动态演化。

第五章 面向动态演化的体系结构建模

　　面向动态演化的软件形式化建模方法以软件体系结构模型为视图，视图起到承上启下的关键作用，因此本章重点讨论面向动态演化的软件体系结构建模。

　　作为控制软件复杂性、提高软件系统质量、支持软件开发和复用的重要手段之一，软件体系结构（Software Architecture，SA）自提出以来，日益受到软件研究者和实践者的关注，并发展成为软件工程的一个重要研究领域（梅宏，2006）。对软件体系结构模型和建模方法的研究是 SA 研究的一个重要方向，SA 是软件系统的抽象。目前，关于软件体系结构模型的研究可以归结为两类：第一类，非形式化或半形式化的描述；第二类，形式化地建模软件体系结构。非形式化方法主要通过自然语言或者图形来描述体系结构：自然语言指出 SA 模型由哪些元素组成，这些元素之间按什么原则组织和协调；图形表示法往往具有多个视图，分别从不同的视角描述软件系统的体系结构，并将这些视图组织起来用于描述整体的软件体系结构。形式化方法通过建立 SA 的形式化模型或者通过形式化的体系结构描述语言（ADL）来描述体系结构模型，使得体系结构的描述更加精确并为体系结构的严格分析奠定了基础，但形式化方法过于抽象、难以理解和运用等缺陷却限制了其应用范围。

　　结合第二章的研究现状，围绕动态演化，体系结构建模方面的现有成果存在以下不足和改进的空间：第一，已有许多体系结构建模方法、体系结构元模型和ADL，但由于它们并非专门针对动态演化，因而对动态演化的支持不足；第二，体系结构模型和需求模型作为软件系统在不同阶段和层次的两种抽象，现有的体系结构模型和需求模型之间缺少一种显式的映射机制，从而部分导致需求和实现之间可能潜在的不一致；第三，体系结构模型作为软件系统的抽象，不仅应该能够描述系统的静态结构，也应该能描述软件系统的动态行为；第四，如何使得体系结构模型既能直观表达软件系统的结构，又不失精确性，以便进一步为对软件系统的分析、度量和演化等奠定严格的数学基础。

第一节　面向动态演化体系结构建模的思路与框架

　　在现有的体系结构建模的研究成果基础上，考虑现有成果存在的不足和改进的空间，并保持与前文需求模型之间的易追踪性，面向动态演化的形式化建模方法对体系结构模型提出了更高的要求，主要体现在以下几个方面。

（1）体系结构模型不仅应该能够直观表达软件系统的结构，而且应该具有精确的语义。即应该在吸收传统的非形式化方法的简易和直观等优点的基础上，保持形式化方法严谨和精确的优点。

（2）体系结构模型不仅应能表达软件系统的静态结构，而且应该可以反映软件系统的动态行为，以及软件系统状态的动态变化；此外，软件系统作为一个整体，其各个组成部分之间通过交互与协作构成一个统一的整体，体系结构模型应能描述各个组成部分之间的交互与协作关系。

（3）体系结构模型作为动态演化的视图，为了支持动态演化，应具有良好的可演化性。因此，体系结构建模需要提供演化机制，即需要合理和有效地表达体系结构中的局部构件的演化，以及构件之间关系的演化。

（4）作为面向动态演化的形式化建模方法的一个组成部分，体系结构模型必须与上游的需求模型之间建立良好的追踪机制，以保证两类模型之间的一致性。

一、面向动态演化的体系结构元模型的设计思路

元模型是用来定义模型的工具。面向动态演化的体系结构元模型，应抽象出支持动态演化的体系结构模型的本质特性，描述基本部件的概念及其关系，是用来定义体系结构模型的工具。

设计面向动态演化的体系结构元模型，应充分考虑前文中面向动态演化的体系结构建模的四点要求。

（1）选取 Petri 作为体系结构建模的数学模型。考虑到 Petri 网既具有直观的图形表示，同时具有严格的数学基础，因此，它满足前文四点要求中的第（1）点。

（2）将体系结构模型分为静态和动态两个视图。静态视图表达体系结构的静态结构，动态视图以静态视图为基础，反映体系结构的行为导致的状态变化。其中，静态视图以 Petri 网的网结构表示，动态视图以网系统表示，构件之间的交互就相应地以 Petri 之间的交互和融合展示出来，软件系统的动态行为以 Petri 网中变迁的点火和网系统的动态运行展示。这点考虑满足前文四点要求中的第（2）点。

（3）考虑对动态演化的支持。在设计上从三个方面考虑支持动态演化：首先，以 Petri 网的结构变化来反映构件的演化；其次，以构件之间交互关系的增加、删除、变化来反映构件之间关系的演化；最后，以标识的变化来反映体系结构状态的演化。这点考虑满足前文四点要求中的第 3 点。

（4）考虑到需求建模之间建立良好的追踪机制，需在体系结构建模中对需求元模型中的一些特殊机制加以映射和表达，如：稳定和易变需求、主动和被动特征之间在 SA 模型中的区分，以及计算和交互的分离等。这点考虑满足前文四点要求中的第（4）点。

二、面向动态演化的体系结构元模型的框架

在具体设计面向动态演化的体系结构元模型的各个部件之前，首先给出该元模型的框架图，其中包含该元模型的主要部件，如图 5-1 所示。

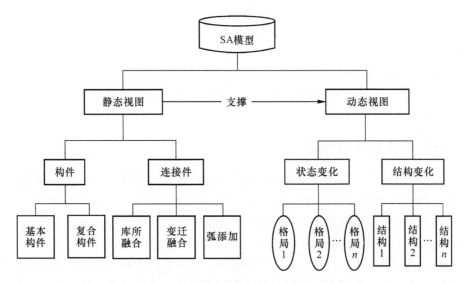

图 5-1　面向动态演化的体系结构元模型的框架图

由图 5-1 可见，本书设计的面向动态演化的体系结构元模型包括两个视图：静态视图和动态视图。其中，静态视图描述了软件系统的静态结构，它继承了传统的体系结构描述方法，其基本部件包括构件和连接件；进一步，构件由基本构件和复合构件组成，它们都是一个 Petri 网的网结构，基本构件通过连接件的组合可以复合成为颗粒度更大的复合构件；与此同时，连接件包含 3 种基本的连接方式：库所融合、变迁融合和弧添加。动态视图建立在静态视图的基础上，静态视图的网结构加上标识构成的网系统描述了体系结构的动态行为：一方面，其中变迁的发生（即点火）使得体系结构的状态不断变化，从一个格局转变到另一个格局，此外，格局的变化还可能是由需求的变化直接驱动的（区别于由变迁的点火导致的格局变化）；另一方面，由于动态演化的需求，体系结构模型的结构也会相应变化，表现在构件的变化以及构件之间的关系（即连接件）的变化，两种变化都会促使体系结构的演化。

第二节　静态视图建模

在设计思路和框架的指导下，本节以 Petri 网为工具，形式化定义元模型中的构件和连接件等重要部件；以静态视图描述体系结构中的构件及其连接方式。

软件体系结构包括构件、构件间的交互关系、约束、构件和连接件构成的拓扑结构、设计原则等，它定义了构件、连接件类型和一系列关于它们如何组合的限制规则（冯冲，2004）。可见，构件和连接件是软件体系结构中最基本的部件。

构件是特定应用领域的软件系统中具有一定规模、相对独立、可替换的重用单元，它具有较稳定的组成模式，在确定的系统体系结构中，完成一项确定的、可区分的功能，并遵从和提供一套接口以及这些接口的实现（王志坚，2005）；连接件用于描述几个构件之间的交互行为（覃征，2008）。

本节在定义构件 Petri 网结构（本书简称网结构）的基础上，以网结构为工具，形式定义构件和连接件及其主要类型。

一、构件 Petri 网结构

由于静态视图只考虑体系结构的静态结构，因此，构件 Petri 网本质上只是描述了 Petri 网的网结构，关于其运行机制和动态行为将在动态视图中引入。

为了保持与需求模型中的相关部件和相应机制的易映射性，本书提出的网结构在传统的 Petri 网的网结构的基础上做出以下 3 点限制和区分。

第一，考虑支持动态演化，为了与需求模型中对稳定需求和易变需求的区分机制相一致：在网结构中，通过对变迁的分类来区分稳定需求和易变需求，把变迁分为稳定变迁和易变变迁，易变变迁往往是一个较复杂子网结构的抽象，而且子网的结构经常需要演化。

第二，考虑支持对行为相关性的管理，为了与需求模型中对主动特征和被动特征的区分机制相一致，在网结构中，通过对库所的分类来区分主动特征和被动特征，主动特征对应的库所拥有一定的行为（将在动态视图中进一步阐述），而被动特征对应的库所的状态变化完全由其"前后集"决定。

第三，考虑支持对计算行为和交互行为的分离。计算行为包括顺序组合、选择组合、迭代组合等，而交互行为由一组交互动作确定。为了实现两者的分离，在网结构中也相应地区分接口和端口，用接口之间的连接来实现计算行为的组合，用端口之间的融合来实现交互。为了保证网结构的组合之后依然具有良好的结构，规定每个网结构有一个入接口和一个出接口，而端口数量则由需求模型中的交互协议确定。

在此基础上给出构件 Petri 网结构的定义。

定义 5-1（构件 Petri 网结构） 满足以下条件的六元组 $N = (P, T; F; E, A, C)$ 称作一个构件 Petri 网结构，简称网结构：

（1）$P \cup T \neq \varnothing$ 且 $P \cap T = \varnothing$；

（2）$F \subseteq (P \times T) \cup (T \times P)$；

（3）$\mathrm{dom}(F) \cup \mathrm{ran}(F) = P \cup T$；

（4）$E \subseteq T$；$A \subseteq P$；$C \subseteq T$；

（5）N 存在一个输入源（简称"源"）$i \in P \cup T$，使得 $^{\bullet}i = \varnothing$；同时，$N$ 存在一个输出槽（简称"槽"）$o \in P \cup T$，使得 $o^{\bullet} = \varnothing$；

（6）任意一个节点 $x \in P \cup T$，都属于从 i 到 o 的一个路径上。

其中 P 是 N 的库所集，T 是 N 的变迁集；F 是 N 的有向弧集，称为 N 的流关系；E 是易变变迁集（变量变迁集），A 是主动库所集，C 是交互变迁集；$\mathrm{dom}(F) = \{x \in P \cup T \mid \exists y \in P \cup T, (x, y) \in F\}$；$\mathrm{ran}(F) = \{x \in P \cup T \mid \exists y \in P \cup T, (y, x) \in F\}$。

网结构的定义为构件的定义奠定了基础。

二、构件

在基于构件的软件系统中，通过构件组装的方式构成软件系统。在传统的软件体系结构中，一个构件通常包含两个部分：接口和实现。本书用网结构描述构件的实现，此外，本书为了体现计算与交互分离的思想，把接口和端口区别对待：接口用于构件之间的组合，端口用于构件之间的交互；接口包括一个输入接口和一个输出接口，端口则由交互规约定义；接口既可以是库所，也可以是变迁，端口则只能是变迁。构件模型如图 5-2 所示。接下来给出构件的定义。

● 输入接口(1个)　　○ 输出接口(1个)　　△ 端口(n个,$n=0,1,2\cdots$)

图 5-2 构件模型

定义 5-2（构件） 构件是软件体系结构中承担一定计算功能的单元,用一个五元组 $Com = (N, I, O, C, S)$ 表示，其中：

（1）$N = (P, T; F; E, A, C)$ 是一个构件 Petri 网结构，描述了构件的实现；

（2）I 是 N 的输入源 i，表示构件的输入接口；

（3）O 是 N 的输出槽 o，表示构件的输出接口；

（4）C 是 N 的交互变迁集，表示构件的端口集；

（5）S 是构件的依赖规约，用一个进程项表示，是从构件外部对构件的观察描述，他表达构件必须实现的功能，否则构件将无法满足其他构件的需求。

其中，构件的依赖规约的进程项可以进一步转化为行为规约图，具体将在第十章中阐述。

构件也可以直接以九元组 $Com = (P, T; F; E, A, I, O, C, S)$ 的形式表示。在不考虑因构件的依赖规约而导致的一致性问题时，也可以简化为用八元组 $Com = (P, T; F; E, A, I, O, C)$ 或者四元组 $Com = (N, I, O, C)$ 的形式表示。

随着软件系统规模的日益庞大，软件系统越来越复杂。人们通常通过分层来降低复杂性，因此，构件模型应该支持层次性的建模，一方面，颗粒度小的构件通过组合可以得到颗粒度大的复合构件；另一方面，一个具有复杂网结构的构件可以被抽象成为结构简单的基本构件，以便于对其进行组合以及对软件体系结构的分析。构件在被抽象成为基本构件时，往往将其内部视为一个"黑盒"，从而只需关注其接口类型。本书根据接口的类型，将构件抽象为以下 4 类基本构件，其中 P 代表库所，T 代表变迁，各种基本构件分别定义如下。

定义 5-3（P 型基本构件）　P 型基本构件是满足以下条件的一类构件：其输入接口和输出接口都是库所，即 $I \in P$，且 $O \in P$。

在不考虑交互的情况下，P 型基本构件的结构可以被抽象为只含一个抽象变迁、一个输入库所、一个输出库所的简单结构，如图 5-3 所示（某些情况下，甚至可以进一步被抽象成为一个库所）。

I　　　　　　　　　　　　O　　抽象　　I　　抽象变迁　　　　O

复杂的网结构

图 5-3　P 型基本构件

定义 5-4（T 型基本构件）　T 型基本构件是满足以下条件的一类构件：其输入接口和输出接口都是变迁，即 $I \in T$，且 $O \in T$。

在不考虑交互的情况下，T 型基本构件的结构可以被抽象为只含一个抽象库所、一个输入变迁、一个输出变迁的简单结构，如图 5-4 所示（某些情况下，甚至可以进一步被抽象成为一个变迁）。

定义 5-5（PT 型基本构件）　PT 型基本构件是满足以下条件的一类构件：其输入接口是库所，输出接口是变迁，即 $I \in P$，且 $O \in T$。

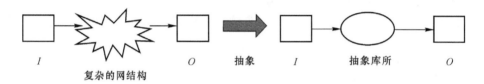

图 5-4　T 型基本构件

在不考虑交互的情况下，PT 型基本构件的结构可以被抽象为只含一个输入库所和一个输出变迁的简单结构，如图 5-5 所示。

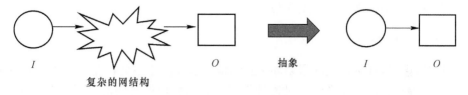

图 5-5　PT 型基本构件

定义 5-6（TP 型基本构件）　TP 型基本构件是满足以下条件的一类构件：其输入接口是变迁，输出接口是库所，即 $I \in T$，且 $O \in P$。

在不考虑交互的情况下，TP 型基本构件的结构可以被抽象为只含一个输入变迁和一个输出库所的简单结构，如图 5-6 所示。

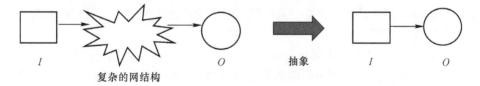

图 5-6　TP 型基本构件

对于一个基本构件，可以通过构造和添加虚结点的方式，改变基本构件的类型，虚结点既可能是虚库所，也可能是虚变迁，其定义如下。

定义 5-7（虚结点）　虚结点是指没有实际意义的结点，它只能作为网结构中的输入源的前提或输出槽的后提被添加进网结构，从而成为构件的输入或输出接口；同时，引入虚结点之后的网结构必须满足定义 5-1 中关于网结构的定义。

引入虚结点是为了建模的方便，同时便于构件之间的组合，虚结点本身不代表任何实质的计算，虚结点的类型可以是虚库所或者虚变迁。

定义 5-8（基本构件的类型变换）　通过添加虚结点的方法，改变基本构件的类型称为基本构件的类型变换。

通过基本构件的类型变换，任意两种基本构件之间都可以互相变换。至于实际建模中选择采用何种类型的基本构件，一般以构件本身的简洁和构件之间组装方式的简洁作为标准。下面以图 5-7 为例描述从 PT 型构件变换为 P 型构件的方法。

图 5-7　基本构件的类型变换

其他的基本构件的类型变换与此类似。

三、连接件

连接件是实现构件之间联系和交互的特殊部件。在一个软件系统中，构件并不是孤立地存在着，而需要通过连接件建立并维持构件之间的关系：静态地看，通过连接件的连接，把多个构件连接成为一个整体，构成一个相互连通的静态体系结构视图；动态地看，连接件为构件之间的信息传递、交互和协作提供了途径，并维持了构件之间的行为关联关系。

由于本书为了体现计算与交换分离的思想，把接口和端口区别对待，因此，本书中的连接件也相应地分为接口连接件和端口连接件，其中，接口连接件用于构件之间接口的连接，端口连接件用于端口之间的连接。需要注意的是，本书之中接口和端口一般不直接相连，因为接口用于构件之间的组装，而端口体现构件之间内部事件的同步关系。

本书中的构件用 Petri 网结构建模，因此构件之间的连接最终就归结为 Petri 网的网结合技术。Petri 网中的网结合技术有基本 3 种类型：库所融合、变迁融合和弧添加，且这 3 种基本类型是完备的，即所有的网结合方式都是由这 3 种基本类型组合而成的。从静态的角度，这 3 种基本的网结合技术把构件连接成为一个整体；从动态的角度，这 3 种基本的网结合技术的实质是通信机制，且可以进一步分为同步通信和异步通信。其中，库所融合和弧添加用于描述异步通信，变迁融合用于描述同步通信。

结合本书对端口和接口的区分方法，本书采用库所融合和弧添加来描述接口连接件，用变迁融合来描述端口连接件。下面分别定义各个类型的连接件。

定义 5-9（库所融合连接件 C_P）　设两个 Petri 网结构 $N_i = (P_i, T_i; F_i; E_i, A_i, C_i)$，其中 $i = 1, 2$，$P_1 \cap P_2 \neq \varnothing$，$T_1 \cap T_2 = \varnothing$，则称 $N = (P_1 \cup P_2, T_1 \cup T_2; F_1 \cup F_2; E_1 \cup E_2, A_1 \cup A_2, C_1 \cup C_2)$ 为 N_1 和 N_2 基于库所融合连接件的连接，记为 $N = N_1 C_P N_2$。

库所融合连接件的连接方式如图 5-8 所示。

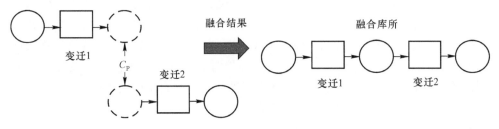

图 5-8　库所融合连接件

定义 5-10（变迁融合连接件 C_T）　设两个 Petri 网结构 $N_i = (P_i, T_i; F_i; E_i, A_i, C_i)$，其中 $i = 1, 2$，$P_1 \cap P_2 = \varnothing$，$T_1 \cap T_2 \neq \varnothing$，$T_1 \cap T_2 \subseteq C_1$，$T_1 \cap T_2 \subseteq C_2$，则称 $N = (P_1 \cup P_2, T_1 \cup T_2; F_1 \cup F_2; E_1 \cup E_2, A_1 \cup A_2, C_1 \cup C_2)$ 为 N_1 和 N_2 基于库所融合连接件的连接，记为 $N = N_1 C_T N_2$。

变迁融合连接件的连接方式如图 5-9 所示。

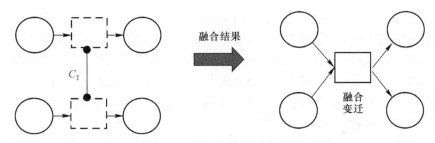

图 5-9　变迁融合连接件

定义 5-11（正向弧添加连接件 C_{PT}）　设 2 个 Petri 网结构 $N_i = (P_i, T_i; F_i; E_i, A_i, C_i)$，其中 $i = 1, 2$，$P_1 \cap P_2 = \varnothing$，$T_1 \cap T_2 = \varnothing$，则称 $N = (P_1 \cup P_2, T_1 \cup T_2; F_1 \cup F_2 \cup F_*; E_1 \cup E_2, A_1 \cup A_2, C_1 \cup C_2)$ 为 N_1 和 N_2 基于正向弧添加连接件的连接，记为 $N = N_1 C_{PT} N_2$，其中，F_* 为连接时添加的正向弧，即由库所指向变迁的弧，且弧的源点（即库所）与槽点（即变迁）来自不同的子网。

正向弧添加连接件的连接方式如图 5-10 所示。

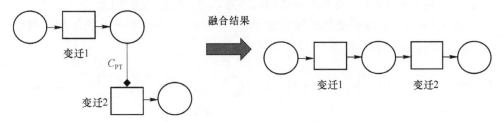

图 5-10　正向弧添加连接件

定义 5-12（逆向弧添加连接件 C_{TP}）　设2个 Petri 网结构 $N_i = (P_i, T_i; F_i; E_i, A_i, C_i)$，其中 $i = 1, 2$，$P_1 \cap P_2 = \varnothing$，$T_1 \cap T_2 = \varnothing$，则称 $N = (P_1 \cup P_2, T_1 \cup T_2; F_1 \cup F_2 \cup F_\#; E_1 \cup E_2, A_1 \cup A_2, C_1 \cup C_2)$ 为 N_1 和 N_2 基于逆向弧添加连接件的连接，记为 $N = N_1 C_{TP} N_2$，其中，$F_\#$ 为连接时添加的逆向弧，即由变迁指向库所的弧，且弧的源点（即变迁）与槽点（即库所）来自不同的子网。

逆向弧添加连接件的连接方式如图 5-11 所示。

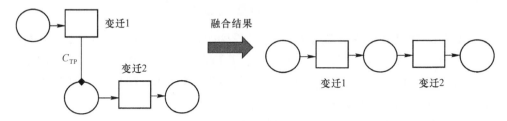

图 5-11　逆向弧添加连接件

在定义了以上 4 种最基本的连接子之后，针对本书将接口与端口区别对待的思想，可以将连接子分为接口连接子和端口连接子两类，为了体现计算与交互分离的思想，本书用变迁融合连接子实现端口之间的连接，其他三类基本连接子用于实现接口之间的连接。此外，考虑到库所融合和变迁融合对于需要融合的对象使用相同的名字命名，因此，在这两类连接之前，往往需先进行融合一致化，即把参与融合的对象统一为同一名字。

连接件作为软件体系结构的一个重要部件，前文展示了其连接方式和连接之后的效果，接下来以一个统一的方式给出连接件的定义。

定义 5-13（连接件）　连接件是软件体系结构中承担连接和交互功能的单元，用一个三元组 $Con = (\text{Type}, C_f, C_b)$ 表示，其中：

（1）Type 表示连接件的类型，其取值范围为 $\{C_T, C_P, C_{TP}, C_{PT}\}$；

（2）C_f 表示连接件的源，C_b 表示连接件的槽；

（3）连接件的源和槽的类型必须和 Type 相匹配，即 C_T 类型对应的源和槽必须都是变迁；C_P 类型对应的源和槽必须都是库所；C_{TP} 类型对应的源必须为变迁，槽必须为库所；C_{PT} 类型对应的源必须为库所，槽必须为变迁。

定义 5-14（连接件类型的图形表示）　库所融合、变迁融合和弧添加三类基本的连接件的图形表示如图 5-12 所示。

图 5-12　连接件的图形表示

　　由于以上连接件类型使用的图形符号都是经典 Petri 网中没有使用的表示法，使得连接件在软件体系结构的图形中表示得清晰和简洁，并且不会导致歧义。

　　定义 5-15（静态体系结构）　静态软件体系结构（Static SA）是一个二元组 $SA_S = (COM, CON)$，满足以下条件：

　　（1）COM 是一个构件的集合，其中每一个元素是一个构件四元组；

　　（2）CON 是一个连接件的集合，其中每一个元素是一个连接件三元组；

　　（3）CON 中的每个元素的 C_f 和 C_b 都对应着 COM 中的一个元素中的一个库所或变迁；

　　（4）COM 中的每一个构件都不是孤立的结点，即每一个构件都通过连接件，至少与一个其他构件进行连接。

第三节　动态视图建模

　　动态视图是建立在静态视图的基础上，考虑软件体系结构的动态运行和行为导致的状态变化的视图。动态视图以静态视图为支撑，考虑到静态视图是建立在 Petri 网结构之上的，因此，动态视图看到的是加入标识（即托肯）之后的网系统的运行。本书采用的网系统是原型 Petri 网，即所有的弧的权值都为 1，所有的库所容量为无穷大。之所以选择原型 Petri 网，原因如下。

　　（1）与基本 Petri 网相比，原型 Petri 网对并发的描述更加直观和符合实际。由于基本 Petri 所有库所的容量都是 1，这一点在对网理论进行研究时很有优势，但是不符合软件系统的实际情况：在软件系统中，往往存在大量的并发，尤其是多线程和分布式的情况下，一个进程中往往存在大量的线程并发执行，若使用基本 Petri 网将会导致大量的冲撞存在。因此，相比较而言，原型 Petri 网比基本 Petri 网更适合用于描述软件系统的动态运行。

　　（2）与高级 Petri 网（有色网和谓词网）相比，原型 Petri 网的描述和点火机制更加简单。前文已述，软件体系结构在追求精确的同时，还应易于理解，以便指导软件的开发和演化。虽然，高级 Petri 网是原型网的折叠，其结点更少；但本书引入的抽象机制一定程度上也使得 Petri 网的网结构可以更加简洁。因此，综上考虑，本书认为原型 Petri 网比高级网更加适合用于描述软件体系结构及其运行。

　　（3）与 P/T 系统相比，原型网更加简单、简洁；同时，P/T 系统并不比原型网具有更强的模拟能力，凡是可以用 P/T 系统建模的实际系统，也可以用原型网对其建模（吴哲辉，2006）。因此本书选择原型 Petri 网而非 P/T 系统。

　　接下来，首先对动态构件系统进行阐述，在此基础上，进一步描述软件体系结构的动态视图。

一、动态构件系统

在静态视图中建模了构件的结构，以网结构的形式展示；在动态视图中，需要进一步描述构件的动态行为，以动态构件系统的形式表现。

定义 5-16（构件系统的状态） 对于一个构件结构 $Com = (P, T; F; E, A, I, O, C)$，映射 $M: P \rightarrow \{0, 1, 2, \cdots\}$ 称为构件的一个状态，记为状态 s。

与经典 Petri 网类似，在图形化表达构件状态的时候，对于 $p \in P$，若 $M(p) = k$，则在库所 p 中以 k 个小黑点表示 p 中有 k 个托肯。

定义 5-17（动态构件系统） 动态构件系统是一个九元组 $C_D = (P, T; F; E, A, I, O, C, M)$，其中：

（1）$Com = (P, T; F; E, A, I, O, C)$ 是一个静态的构件网结构，称为动态构件系统的基网；

（2）M 是动态构件系统的初始状态或初始标识。

动态构件系统简称构件系统。构件系统依据一定的运行规则，变迁的接连点火和状态的不断变化展示了构件系统的运行，其运行规则如下。

定义 5-18（构件系统的运行规则） 构件系统 $C_D = (P, T; F; E, A, I, O, C, M)$ 满足下面的变迁运行规则：

（1）对于变迁 $t \in T$，若任意 $p \in P$：$p \in {}^{\bullet}t \rightarrow M(p) \geq 1$，则称变迁 t 在状态 M 下可以发生，记为 $M[t>$；

（2）如果 $M[t>$，那么在状态 M 下变迁 t 可以点火（或称发生），从状态 M 经变迁 t 点火得到一个新的状态 M'（记为 $M[t>M'$），对任意 $p \in P$：

$$M'(p) = \begin{cases} M(p) - 1, & \text{若 } p \in {}^{\bullet}t - t^{\bullet} \\ M(p) + 1, & \text{若 } p \in {}^{\bullet}t - t^{\bullet} \\ M(p), & \text{其他} \end{cases}$$

（3）$M[t>M'$ 称为构件系统由 t 点火导致的状态变化。

一个构件系统在不受外部因素影响的情况下，其运行情况由其基网和初始状态完全确定。但构件作为体系结构的一个部件，往往需要通过连接件与其他构件交互，因此，需要进一步考虑动态体系结构。

二、动态体系结构

体系结构的动态视图中往往包含许多相互交互和协作的构件，每个构件有其自己的状态，它们共同构成了体系结构的状态。

定义 5-19（体系结构的状态） 对于一个体系结构 $SA_S = (COM, CON)$，COM 中每一个构件的状态记为 $M_1, M_2, M_3, \cdots, M_n$，则 $M = M_1 \cup M_2 \cup M_3 \cup \cdots \cup M_n$ 称为体系结构的一个状态，$M_1, M_2, M_3, \cdots, M_n$ 分别称为体系结构的一

个子状态，体系结构的任意的一个子状态的改变都将导致体系结构状态的变化。

动态体系结构与动态构件系统的不同之处在于连接件的引入将对运行规则和状态改变产生影响。接下来分别定义各类连接子的动态作用。

定义 5-20（库所融合的动态作用） 库所融合连接件的动态作用在于：$M(C_f) = M(C_b)$，且 $(M'(C_f) = M(C_f) \pm 1)\ \boxed{\leftrightarrow}\ (M'(C_b) = M(C_b) \pm 1)$，即保证连接件的两端的库所状态的动态一致，若其中一个库所中产生一个托肯，则另一个库所中也相应增加一个托肯；若其中一个库所中消耗一个托肯，则另一个库所中也相应减少一个托肯；若库所中只有一个托肯，在对应的两个构件中该托肯都可以被其后集变迁点火消耗，则将导致选择和竞争。

库所融合连接子的两端就像是一个库所的两个分身一样，它们的实质就是一个库所。

定义 5-21（变迁融合的动态作用） 变迁融合连接件的动态作用在于：$(M_f[C_f>) \wedge (M_b[C_b>)\ \boxed{\leftrightarrow}\ M[t>$，即只有连接件的两端的变迁都可以点火的时候，这 2 个变迁才可以同时发生；只要有其中一个变迁的点火条件没有得到满足，则连接件两端的变迁都不能执行。

变迁融合连接子起到同步的作用。

定义 5-22（正弧添加的动态作用） 正弧添加连接件的动态作用在于：$(C_f > 0) \wedge (M_b[C_b>)\ \boxed{\leftrightarrow}\ M[t>$ 且 C_b 点火后 $M'(C_f) = M(C_f) - 1$，即连接件的变迁端的点火条件不仅受到其构件内部的前提库所集的影响，还受到连接件的库所端的控制。

正弧添加起到用一个构件控制另一个构件中的变迁的作用。

定义 5-23（逆弧添加的动态作用） 逆弧添加连接件的动态作用在于：C_f 点火后 $M'(C_b) = M(C_b) - 1$，即连接件的变迁端的点火将导致其库所端中增加一个托肯。

逆弧添加起到向另一个构件传递信号或信息的作用。

定义 5-24（动态体系结构） 动态体系结构（dynamic SA）是相对于静态体系结构（见定义 5-15）而言的，是一个三元组 $SA_D = (COM, CON, M)$，满足以下条件：

（1）(COM, CON) 是对应的静态体系结构；

（2）M 是体系结构的初始状态。

由定义可知，动态体系结构在构件的运行规则和连接件的动态作用下，由于变迁的点火而不断改变其自身的状态。可见，本书的动态体系结构是软件系统状态的动态变化的抽象表示，是体系结构的状态不断发生的变化（表现为扩展 Petri 网的格局不断发生变化），而非其结构发生动态变化。至于 SA 本身结构的动态变化，属于演化的范畴，本书通过动态演化建模加以描述。

第四节　动态演化建模

动态演化涉及结构的演化和状态的演化两个方面，有时同时涉及结构和状态两个方面的演化。结构的演化包括构件内部结构的演化、连接件的添加和删除、构件的替换、构件的添加和删除等；状态的演化包括系统运行导致的状态变化和系统外部导致的状态变化，一般情况下状态的演化只考虑由系统外部导致的状态变化，这一点涉及构件的状态迁移问题，将在后文再详细讨论。这里主要讨论结构演化的基本类型，由结构演化导致的一致性等问题也将在后面专门讨论。

一、构件的结构演化

构件内部结构的演化主要涉及以下几个类型：变迁的增加和删除、库所的增加和删除、弧的增加和删除。由于弧的增加、删除与连接件的情况类似且相对简单，因此不予讨论（可以参考下文关于连接件的添加和删除）。考虑相似性，分为添加和删除两个类型加以讨论。

首先考虑添加变迁或者库所的演化类型，需注意以下 3 个问题。

第一，待添加的元素（设为 x）的外延应该是构件的基本元素集的子集，即满足 $^\bullet x \cup x^\bullet \subseteq P \cup T$。

第二，添加元素 x 之后，必须添加相应的流关系 $F_{add}(x)$，并使添加元素之后的网结构满足构件的定义。

第三，添加的元素类型不同，或者添加的流关系不同，都会导致对构件的演化结构的不同。

定义 5-25（添加元素）　设 $Com = (P, T; F; E, A, I, O, C)$ 是待演化构件，在构件中添加元素 x 之后，演化得到新构件 $Com' = (P', T'; F'; E', A', I', O', C')$，且满足以下条件：

（1）若 x 是库所，则 $P' = P \cup \{x\}$，否则 $P' = P$；

（2）若 x 是变迁，则 $T' = T \cup \{x\}$，否则 $T' = T$；

（3）$F' = F \cup F_{add}(x)$；

（4）若 x 是变迁，且是易变变迁，则 $E' = E \cup \{x\}$，否则 $E' = E$；

（5）若 x 是库所，且是主动库所，则 $A' = A \cup \{x\}$，否则 $A' = A$；

（6）若 x 是变迁，且是交互变迁，则 $C' = C \cup \{x\}$，否则 $C' = C$；

（7）$I' = I$；$O' = O$。

接下来考虑删除变迁或者库所的演化类型，需注意以下两个问题。

第一，与添加元素相比，一旦确定了要删除的元素，则同样要一起被删除的流关系 $F_{del}(x)$ 也就确定了，因此，构件演化后的结构也由 x 元素确定；

　　第二，若删除了 x 元素之后，得到的构件结构不符合构件的定义，则不能删除 x 元素，或者必须删除 x 元素之后进一步演化得到满足定义要求的构件结构。

　　定义 5-26（删除元素） 设 $Com = (P, T; F; E, A, I, O, C)$ 是待演化构件，在构件中删除元素 x 之后，演化得到新构件 $Com' = (P', T'; F'; E', A', I', O', C')$，且满足以下条件：

　　(1) 若 x 是库所，则 $P' = P - \{x\}$，否则 $P' = P$；

　　(2) 若 x 是变迁，则 $T' = T - \{x\}$，否则 $T' = T$；

　　(3) $F' = F - F_{\text{del}}(x)$；

　　(4) 若 x 是变迁，且是易变变迁，则 $E' = E - \{x\}$，否则 $E' = E$；

　　(5) 若 x 是库所，且是主动库所，则 $A' = A - \{x\}$，否则 $A' = A$；

　　(6) 若 x 是变迁，且是交互变迁，则 $C' = C - \{x\}$，否则 $C' = C$；

　　(7) $I' = I$；$O' = O$。

二、连接件的添加、删除

　　连接件的添加和删除较为简单，主要注意的是在添加连接件的时候，连接件对其源和槽的类型有严格要求，必须要类型匹配，若类型不匹配，则不能添加。

　　定义 5-27（添加连接件） 设 $SA = (COM, CON)$，在体系结构中添加连接件 Con_x 之后，演化得到新体系结构 $SA' = (COM', CON')$，且满足以下条件：

　　(1) $CON' = CON \cup \{Con_x\}$；

　　(2) 若 Con_x 的 Type 是 C_T，则 C_f 和 C_b 对应的构件 $Com_x'. C = Com_x. C \cup \{C_x\}$；否则 $COM' = COM$。

　　定义 5-28（删除连接件） 设 $SA = (COM, CON)$，在体系结构中删除连接件 Con_x 之后，演化得到新体系结构 $SA' = (COM', CON')$，且满足以下条件：

　　(1) $CON' = CON - \{Con_x\}$；

　　(2) 若 Con_x 的 Type 是 C_T，且 C_f 和 C_b 对应的变迁不参与其他的变迁融合，则构件 $Com_x'. C = Com_x. C - \{C_x\}$；否则 $COM' = COM$。

三、构件的替换、添加和删除

　　构件的替换、添加和删除是粒度比较大的演化方式，下面分别讨论。

　　构件的替换需要注意以下两个问题。

　　第一，被替换构件和替换构件之间应该是同一类型的；若两者类型不同，可以通过添加虚结点的方式转变为同一类型再进行替换。

　　第二，若被替换构件与其他构件之间存在变迁融合的连接，则有两种情况：其一，替换构件中有与之对应的变迁，这时需要改变对应的连接件中的源值或槽值；其二，替换构件中不存在与之对应的变迁，这时应删除对应的连接件。

定义 5-29（替换构件） 设 $SA = (COM, CON)$，在体系结构中用构件 Com' 替换构件 Com 之后，演化得到新体系结构 $SA' = (COM', CON')$，且满足以下条件：

（1）$COM' = COM \cup \{Com'\} - \{Com\}$；

（2）$CON' = CON \cup CON'_x - CON_x$；若被替换构件中不存在端口，则 CON'_x 和 CON_x 都是空集；若存在端口则 CON'_x 是相应的适应性修改之后的连接件集合，CON_x 是原来相关的连接件集合。

构件的添加需要注意以下两个问题。

第一，添加构件 Com_x 之后，必须添加相应的连接子 $C_{add}(x)$，连接子必须注意类型的匹配，并使构件添加之后满足体系结构的定义。

第二，添加的构件类型不同，或者添加的连接子不同，都会导致对体系结构演化结果的不同。

定义 5-30（添加构件） 设 $SA = (COM, CON)$，在体系结构中添加构件 Com_x 之后，演化得到新体系结构 $SA' = (COM', CON')$，且满足以下条件：

（1）$COM' = COM \cup \{Com_x\}$；

（2）$CON' = CON \cup C_{add}(x)$。

构件的删除需要注意以下两个问题。

第一，与添加构件相比，一旦确定了要删除的构件 Com_x，则同样要一起被删除的连接件集合 $C_{del}(x)$ 也就确定了，因此，体系结构演化后的结构也由 Com_x 确定；

第二，若删除了构件 Com_x 之后，得到的体系结构不符合定义的要求，则不能删除 Com_x，或者必须在删除 Com_x 之后进一步演化得到满足定义要求的体系结构。

定义 5-31（删除构件） 设 $SA = (COM, CON)$，在体系结构中删除构件 Com_x 之后，演化得到新体系结构 $SA' = (COM', CON')$，且满足以下条件：

（1）$COM' = COM - \{Com_x\}$；

（2）$CON' = CON - C_{del}(x)$。

四、体系结构元模型对建模要求的支持

在完成设计面向动态演化的体系结构元模型之后，需要检验所设计的元模型是否支持面向动态演化的需求建模的 4 点要求。

（1）针对建模要求：体系结构模型不仅应有直观的表示，而且必须精确和严谨。体系结构元模型以 Petri 网为工具，吸收了 Petri 网既有直观的图形表示，又有严格的数学基础的优点。可见，体系结构元模型满足建模需求对本项的要求。

（2）针对建模要求：体系结构模型不仅应能表达软件系统的静态结构，而且应该可以反映软件系统的动态行为。体系结构元模型将体系结构模型分为静态视图和动态视图，静态视图表达体系结构的静态结构，动态视图以静态视图为基础，反映体系结构的行为导致的状态变化。可见，体系结构元模型满足建模需求对本项的要求。

（3）针对建模要求：为了支持动态演化，应具有良好的可演化性。通过 3 个层次支持演化性：构件内部的结构演化、连接件的添加和删除、构件的替换以及添加和删除，它们分别从细粒度到粗粒度支持动态演化，具有良好的可演化性。可见，体系结构元模型满足建模需求对本项的要求。

（4）针对建模要求：体系结构建模必须与上游的需求建模之间建立良好的追踪机制。对需求元模型中的稳定和易变需求、主动和被动特征、计算和交互的分离等具有特色的部分，都在构件模型中加入与之对应的元素加以表述，为从需求到体系结构的转换奠定了基础。可见，体系结构元模型满足建模需求对本项的要求。

综上所述，设计的体系结构元模型完全支持面向动态演化的体系结构建模要求。

五、小结

针对软件动态演化，本章设计了一个面向动态演化的体系结构元模型。该需求元模型有很强的针对性，可以满足面向动态演化的体系结构建模要求，建模出来的体系结构模型可以作为动态演化实施的视图；该元模型考虑了一些传统体系结构建模中没有考虑到的、与动态演化息息相关的因素，因而也完善和充实了现有的体系结构建模理论；此外，该体系结构元模型与前文的需求元模型之间具有良好的映射关系，接下来的一章将详细讨论它们之间的映射关系，以及如何将需求模型转化为体系结构模型。

第六章　从需求模型到体系结构模型的变换

　　面向动态演化的需求建模和体系结构建模作为一脉相承的两个关键活动，应在两者之间搭起一座桥梁。这座桥梁应达成以下两个目标：一方面，应能够通过需求模型方便地构建软件体系结构模型；另一方面，应保证两类模型的变换的可追踪性。本章致力于解决这一问题。

　　从需求规约到体系结构模型的转化是近年来软件工程领域的一个研究热点。现有的相关研究成果，大多是基于自然语言规约，而没有考虑形式化规约到 SA 模型的转换，因此很难在实践中得到广泛推广（祝义，2011）。北京大学梅宏教授课题组在这一课题上取得过以下进展：（1）引入一种面向特征的方法，实现从需求到软件体系结构的映射（刘冬云，2004）；（2）进一步，引入责任作为从需求模型向 SA 模型转化的桥梁，通过"特征—责任—构件"的映射关系来维护可追踪性（Zhang Wei，2005）。张俊则通过角色的中介作用，实现特征模型的构件化（张俊，2011）。祝义通过建立 TCSP 到 UML-RT 的转换机制，实现从进程代数规约到 SA 模型的转换（祝义，2011）。本书吸取以上研究成果的长处，基于引入的面向特征的方法，将 ACP 进程代数风格定义的需求模型转化为 Petri 网风格的体系结构模型，由于两类模型都建立在形式化方法的基础上，不存在二义性，克服了面向特征方法在形式化方面的不足。

　　在面向动态演化的建模方法这一框架下，从需求模型到体系结构模型的变换意义在于：（1）从变换的角度，本章提出的方法是对现有的从需求模型到 SA 模型的转换的一种补充；（2）从创新性的角度，本章提出的方法有着显著的面向动态演化的特色，这是其他变换方法所不具备的；（3）从可追踪性的角度，本章提出的方法每一步转换都从一个需求部件对应到一个 SA 部件，因此需求模型和 SA 模型之间保持了良好的可追踪性；（4）从反馈作用的角度，从需求模型到 SA 模型的转换将有利于对两类模型的改进和优化。

第一节　基本变换

　　为了保证从需求模型到体系结构模型之间变换的合理性，必须找到模型变换的依据。考虑到本书提出的需求模型和体系结构模型都是从行为的视角进行阐述的，因此在模型变换的过程中，需要保证变换得到的体系结构模型与需求模型在行为上的一致性。

由于需求模型是以 ACP 风格的进程代数为基础来描述的，而体系结构模型是建立在扩展的 Petri 基础之上，因此，首先定义需求模型中的事件行为和体系结构模型中的变迁行为；然后通过在事件行为和变迁行为之间建立映射关系，以行为映射为准则，从而为模型变换提供依据，同时，也为需求模型和体系结构模型之间的可追踪性奠定了基础。

首先，定义需求模型中的事件行为。

定义 6-1（事件行为）　对于需求模型 M 而言，其行为特征模型 M_B 的根节点对应着一个进程，每个叶子节点对应着一个事件，事件行为是一个三元组 $b = (p, t, p')$，也可表示为 $p \xrightarrow{t} p'$，其中：（1）p 和 p' 表示进程，对应于事件行为的状态；（2）t 表示导致进程发生变化的事件，对应于变迁行为的变迁，$t \in Leaf$，$Leaf$ 是叶子节点，也是事件集。

事件行为 $p \xrightarrow{t} p'$ 表示进程 p 执行事件 t 后变为进程 p'；事件行为 $p \xrightarrow{t} \sqrt{}$ 表示进程 p 执行事件 t 后，成功地终止。

其次，定义软件体系结构模型中的变迁行为。

定义 6-2（变迁行为）　对于体系结构 SA 中的构件 Com 而言，其变迁行为是一个三元组 $b = (s, t, s')$，也可表示为 $s \xrightarrow{t} s'$，其中：（1）s 和 s' 表示构件的局部状态，其实质是构件 Petri 网中变迁 t 的外延格局，即是一个映射 $N: P_t \rightarrow \{0, 1\}$，其中 $P_t = {}^\bullet t \cup t^\bullet$；（2）$t$ 表示导致构件状态发生变化的变迁，$t \in T$，即 T 是构件的变迁集。

变迁行为 $s \xrightarrow{t} s'$ 表示：t 的外延在状态 s 下，执行变迁 t 后，状态变化为 s'。

变迁行为虽然与状态有关，但实质上，变迁代表着一种行为能力，正是 SA 模型中变迁的这种能力，使得需求模型中对应的事件可以发生，从而满足需求模型的要求。因此，在将需求模型转换为体系结构模型的过程中，若能将需求模型中的每一个事件变换为体系结构模型中的一个对应的变迁，即保持行为映射关系，并且在 SA 和构件环境下的变迁之间的关系与需求模型中事件的组合关系也保持一致，则体系结构模型能够满足需求模型的要求。

因此，本章首先考虑最基本特征的变换，在此基础上，考虑特征组合和复合的变换，并进一步讨论变换中的抽象和细化。

需要说明的是，由于在变换中考虑的是体系结构具有需求模型所要求的能力，因此，变换得到的只是体系结构的静态模型。至于体系结构的动态模型，则与其处理的任务和所处的状态有关，暂不在本章考虑范围之内。

本节讨论两类最基本的特征变换，包括原子计算行为特征（即事件）的变换、主动特征和被动特征的变换。

一、原子计算行为特征的变换

原子计算行为特征是最简单的一类特征，是需求模型的基础。其变换也十分简单，一个原子计算行为特征变换为一个变迁。

考虑到原子计算行为特征包括原子行为特征常量和行为特征变量两类，对应地，构件模型中也专门区分出易变变迁集（变量变迁集），即定义 5-1 中六元组 $N=(P, T; F; E, A, C)$ 的 E 集合。由于特征常量指代已经被绑定的特征，而特征变量指代未被绑定的特征，因此特征变量往往需要进一步被替换或细化。本书用不同的图形表示指代这两类特征对应的变迁：用黑盒变迁指代特征常量变换而来的变迁，用白盒变迁指代特征变量变换而来的变迁，如图 6-1 所示。

图 6-1　原子计算行为特征的变换

接下来，给出该类型的两种基本变换规则。

规则 6-1（原子特征常量的变换） 原子计算行为特征常量 a，变换为一个基本构件 $Com_a=(P, T; F; E, A, I, O, C)$，其中：（1）$P=\varnothing$；（2）$T=\{a\}$；（3）$F=\varnothing$；（4）$E=\varnothing$；（5）$A=\varnothing$；（6）$I=\{a\}$；（7）$O=\{a\}$；（8）$C=\varnothing$。

规则 6-2（原子特征变量的变换） 原子计算行为特征变量 x，变换为一个基本构件 $Com_x=(P, T; F; E, A, I, O, C)$，其中：（1）$P=\varnothing$；（2）$T=\{x\}$；（3）$F=\varnothing$；（4）$E=\{x\}$；（5）$A=\varnothing$；（6）$I=\{x\}$；（7）$O=\{x\}$；（8）$C=\varnothing$。

在某些的情况下，可以进一步引入虚库所把该变迁变为其他类型的基本构件，以行为特征常量为例，如图 6-2 所示，变换为一个 P 型基本构件。

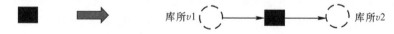

图 6-2　黑盒变迁引入虚库所由 T 型基本构件变换为 P 型

接下来，以图 6-2 的 T 型基本构件变换为 P 型为例，说明虚结点的引入，其余的类型变换可类推得出。

规则 6-3（引入虚结点变换） 一个 T 型基本构件 $Com_a=(P, T; F; E, A, I, O, C)$，变换为一个 P 型基本构件 $Com'_a=(P', T'; F'; E', A', I', O', C')$，其中：（1）$P'=\{v1, v2\}$；（2）$T'=\{a\}$；（3）$F'=\{(v1, a), (a, v2)\}$；（4）$E'=\varnothing$；（5）$A'=\varnothing$；（6）$I'=\{v1\}$；（7）$O'=\{v2\}$；（8）$C'=\varnothing$。

二、主动特征和被动特征的变换

在面向动态演化的需求建模中，既包含行为特征，也包含属性特征。为了支持行为相关性分析，在需求元模型中引入一个重要的属性特征——主动属性特征，用于区分主动行为特征和被动行为特征。主动行为特征是需求模型中引起行为相关性的源头元素，它们主动地创建任务或者接受系统外部提交给系统的任务。在体系结构元模型中，定义 5-1 中六元组 $N=(P, T; F; E, A, C)$ 的 A 集合用于区别主动特征和被动特征，A 是 P 的一个子集，即属于库所集的一部分。因此，库所集也相应地被分为两类：灰盒库所和白盒库所。灰盒库所是系统与外界的临界点，外界可以向灰盒库所中加入托肯，以分配给系统任务；白盒库所是系统内部的元素，只能由系统中与之相连的变迁来改变其状态。主动属性特征作用域中的叶子结点对应的特征，即主动原子特征变换为一个前集为灰盒库所的变迁；被动原子特征则变换为一个前集为白盒库所的变迁，如图 6-3 所示（其中变迁都假设为白盒）。

图 6-3　主动和被动原子特征的变换

接下来，给出该类型的两种基本变换规则。

规则 6-4（主动原子特征变换）　主动原子特征 a，变换为一个基本构件 $Com_a=(P, T; F; E, A, I, O, C)$，其中：（1）$P=\{v1\}$；（2）$T=\{a\}$；（3）$F=\{(v1, a)\}$；（4）$E=\varnothing$；（5）$A=\{v1\}$；（6）$I=\{v1\}$；（7）$O=\{a\}$；（8）$C=\varnothing$。

规则 6-5（被动原子特征变换）　被动原子特征 b，变换为一个基本构件 $Com_b=(P, T; F; E, A, I, O, C)$，其中：（1）$P=\{v2\}$；（2）$T=\{a\}$；（3）$F=\{(v2, a)\}$；（4）$E=\varnothing$；（5）$A=\varnothing$；（6）$I=\{v2\}$；（7）$O=\{b\}$；（8）$C=\varnothing$。

第二节　组合和复合的变换

在讨论完对基本的原子特征进行变换之后，应进一步考虑需求元模型中更加复杂的部件，将其变换为体系结构元模型中的部件。

在需求元模型中，组合与复合具有不同的含义：首先，组合对应 $\cdot$，$+$，$*$ 三个算子，而复合对应 $\|_{[C]}$，$\llcorner_{[C]}$，$\partial_{[H]}$ 三个算子。其次，在进行组合的时候，可以把组合对象当成黑盒，组合对象具有原子性（是指对组合算子而言，可以把组合对象当成原子的，而不是说组合对象必须是原子行为特征），即不必关心组合对象的内部；而在进行复合的时候，由于涉及内部动作的交互，因此必须在明

确复合对象的内部构造的基础上，即把复合对象当成白盒，才可以进行行为特征的复合。

接下来讨论组合运算和复合运算的变换规则。组合和复合之后可以依据颗粒度的大小和建模者所处的层次，把组合和复合结果看成构件或者软件体系结构。

若把组合和复合结果看成构件，则组合和复合算子对应成为：（1）构件中的弧；（2）融合后的库所或者变迁。若把组合和复合结果看成体系结构，则组合算子和复合算子可以对应地变换为体系结构元模型中的连接子，其中库所融合和弧添加连接子用于与组合算子之间的对应。

一、顺序组合的变换

两个行为特征 α 和 β，通过顺序组合算子 $^\bullet$ 组合成一个组合特征，用二元组 $\langle id, \alpha \cdot \beta \rangle$ 表示，组合特征 $\langle id, \alpha \cdot \beta \rangle$ 先按特征 α 规定的行为操作，α 成功终止后再按 β 规定的行为操作。α 和 β 分别对应成为基本构件 Com_α 和 Com_β，将它们顺序组合成为一个构件，如图 6-4 所示，其中库所 $v23$ 代表库所 $v2$ 和 $v3$ 融合之后的库所。

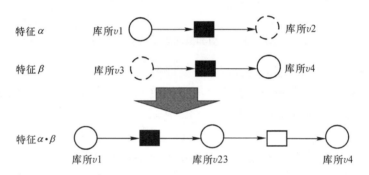

图 6-4　两个基本构件顺序组合成为一个基本构件

规则 6-6（顺序组合成构件）　特征的顺序组合 $\alpha \cdot \beta$ 对应成两个构件 Com_α 和 Com_β 的顺序组合，组合成为一个基本构件 $Com_{\alpha \cdot \beta} = (P, T; F; E, A, I, O, C)$，$F_*$ 对应用融合后的库所替代被融合的库所的弧关系，$F_\#$ 对应被融合库所替代的弧关系，其中：（1）$P = P_\alpha \cup P_\beta \cup \{v23\} - \{v2, v3\}$；（2）$T = T_\alpha \cup T_\beta$；（3）$F = F_\alpha \cup F_\beta \cup F_* - F_\#$；（4）$E = E_\alpha \cup E_\beta$；（5）$A = A_\alpha \cup A_\beta$；（6）$I = I_\alpha$；（7）$O = O_\beta$；（8）$C = C_\alpha \cup C_\beta$。

α 和 β 分别对应成为基本构件 Com_α 和 Com_β，将它们顺序组合成为一个体系结构，如图 6-5 所示。

规则 6-7（顺序组合成体系结构）　特征的顺序组合 $\alpha \cdot \beta$ 对应成两个构件 Com_α 和 Com_β 的顺序组合，组合成为体系结构 $SA_{\alpha \cdot \beta} = (COM, CON)$，其中：

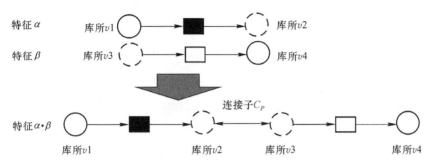

图6-5　两个基本构件顺序组合成为体系结构

（1）$COM=\{Com_\alpha,\ Com_\beta\}$；（2）$CON=\{(C_P,\ C_f,\ C_b)\}$，其中 $C_f=v2$，$C_b=v3$。

若把特征 α 和 β 分别对应成为体系结构（可理解为子系统）SA_α 和 SA_β，则是由两个子体系结构顺序组合成为一个新的体系结构。

规则6-8（子体系结构顺序组合成体系结构）　特征的顺序组合 $\alpha\cdot\beta$ 对应成两个子系统 SA_α 和 SA_β 的顺序组合，组合成为体系结构 $SA_{\alpha\cdot\beta}=(COM,\ CON)$，其中：（1）$COM=COM_\alpha\cup COM_\beta$；（2）$CON=CON_\alpha\cup CON_\beta\cup\{(C_P,\ C_f,\ C_b)\}$，其中 $C_f=v2$，$C_b=v3$。

二、选择组合的变换

两个行为特征 α 和 β，通过选择组合算子+组合成一个组合特征，用二元组 $\langle id,\ \alpha+\beta\rangle$ 表示，组合特征 $\langle id,\ \alpha+\beta\rangle$ 在特征 α 和 β 中选择其中之一，然后按所选特征规定的行为操作。α 和 β 分别对应成为基本构件 Com_α 和 Com_β，将它们选择组合成为一个构件，如图6-6所示，其中库所 $v13$ 代表库所 $v1$ 和 $v3$ 融合之后的库所，库所 $v24$ 代表库所 $v2$ 和 $v4$ 融合之后的库所。

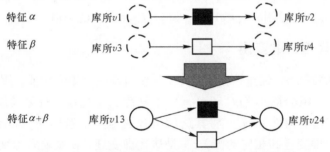

图6-6　两个基本构件选择组合成为一个基本构件

规则6-9（选择组合成构件）　特征的选择组合 $\alpha+\beta$ 对应两个构件 Com_α 和 Com_β 的选择组合，组合成为一个基本构件 $Com_{\alpha+\beta}=(P,\ T;\ F;\ E,\ A,\ I,\ O,\ C)$，$F_*$ 对应用融合后的库所替代被融合的库所的弧关系，$F_\#$ 对应被融合库所替代的弧关系，其中：（1）$P=P_\alpha\cup P_\beta\cup\{v13,\ v24\}-\{v1,\ v2,\ v3,\ v4\}$；

(2) $T = T_\alpha \cup T_\beta$；(3) $F = F_\alpha \cup F_\beta \cup F_* - F_\#$；(4) $E = E_\alpha \cup E_\beta$；(5) $A = A_\alpha \cup A_\beta$；(6) $I = \{v13\}$；(7) $O = \{v24\}$；(8) $C = C_\alpha \cup C_\beta$。

α 和 β 分别对应成为基本构件 Com_α 和 Com_β，将它们选择组合成为一个体系结构，如图 6-7 所示。

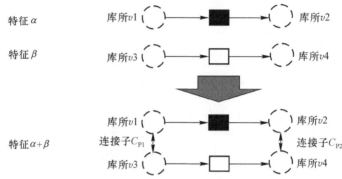

图 6-7　两个基本构件选择组合成为体系结构

规则 6-10（选择组合成体系结构）　特征的选择组合 $\alpha+\beta$ 对应成两个构件 Com_α 和 Com_β 的选择组合，组合成为体系结构 $SA_{\alpha+\beta} = (COM, CON)$，其中：(1) $COM = \{Com_\alpha, Com_\beta\}$；(2) $CON = \{(C_{P1}, C_{f1}, C_{b1}), (C_{P2}, C_{f2}, C_{b2})\}$，其中 $C_{f1} = v1$，$C_{b1} = v3$，$C_{f2} = v2$，$C_{b2} = v4$。

类似地，若把特征 α 和 β 分别对应成为体系结构（可理解为子系统）SA_α 和 SA_β，则是由两个子体系结构顺序组合成为一个新的体系结构。

规则 6-11（子体系结构选择组合成体系结构）　特征的选择组合 $\alpha+\beta$ 对应成两个子系统 SA_α 和 SA_β 的选择组合，组合成为体系结构 $SA_{\alpha+\beta} = (COM, CON)$，其中：(1) $COM = COM_\alpha \cup COM_\beta$；(2) $CON = CON_\alpha \cup CON_\beta \cup \{(C_{P1}, C_{f1}, C_{b1}), (C_{P2}, C_{f2}, C_{b2})\}$，其中 $C_{f1} = v1$，$C_{b1} = v3$，$C_{f2} = v2$，$C_{b2} = v4$。

三、迭代组合的变换

对于行为特征 α，通过迭代组合算子 * 组合成一个组合特征，用二元组 $\langle id, (\alpha)* \rangle$ 表示，组合特征 $\langle id, (\alpha)* \rangle$ 重复特征 α 规定的行为操作 n 次，然后终止。α 对应基本构件 Com_α，将其迭代组合成为一个新构件，如图 6-8 所示，其中引入 3 个虚变迁和相应的弧，r* 是迭代虚变迁，ri 是输入虚变迁，ro 是输出虚变迁（若不引入 ri 和 ro 得到的结构不满足构件定义的要求）。

规则 6-12（迭代组合成新构件）　特征的迭代组合 $(\alpha)*$，对应基本构件 Com_α 的迭代组合，组合成为一个新基本构件 $Com_{(\alpha)*} = (P, T; F; E, A, I, O, C)$，$F_*$ 对应用引入虚变迁增加的弧关系，$F_* = \{(ri, v1), (v2, ro), (v2, r*), (r*, v1)\}$，其中：(1) $P = P_\alpha$；(2) $T = T_\alpha \cup \{r*, ri, ro\}$；(3) $F = F_\alpha \cup F_*$；(4) $E = E_\alpha$；

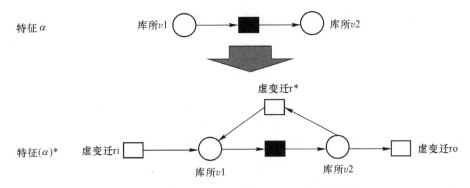

图 6-8　基本构件迭代组合成为一个新基本构件

(5) $A=A_\alpha$；(6) $I=\{ri\}$；(7) $O=\{ro\}$；(8) $C=C_\alpha$。

四、并行复合的变换

两个行为特征 α 和 β，通过并行复合算子 $\|_{[C]}$ 复合成一个复合特征，用二元组 $\langle id,\ \alpha\|_{[C]}\ \beta\rangle$ 表示，参与复合的两个特征 α 和 β，在执行到处于 C 规定的交互动作集之中的元素的元时，必须按交互动作协同完成任务；否则，可按 α 与 β 各自的定义方式并行地执行。α 和 β 分别对应构件 Com_α 和 Com_β，设其交互动作集 C 中有一个元素 $\langle id,\ u,\ v\rangle$，构件 Com_α 和 Com_β 复合成为体系结构，如图6-9所示。

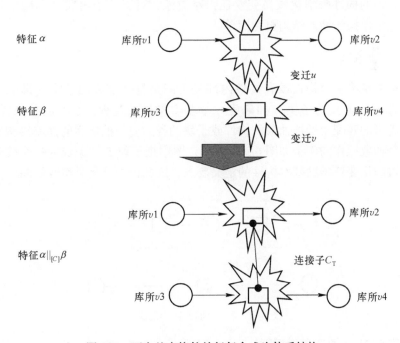

图 6-9　两个基本构件并行复合成为体系结构

规则 6-13（并行复合成体系结构）　特征的并行复合 $\alpha \|_{[C]} \beta$ 对应成两个构件 Com_α 和 Com_β 的并行复合，C 是交互动作集，复合成为体系结构 $SA\alpha \|_{[C]} \beta = (COM, CON)$，其中：（1）$COM = \{Com_\alpha, Com_\beta\}$；（2）$CON = \{(C_T, C_f, C_b)\}$，其中 $C_f = u$，$C_b = v$。

类似地，若把特征 α 和 β 分别对应成为体系结构（可理解为子系统）SA_α 和 SA_β，则可由两个子体系结构并行复合成为一个新的体系结构。

规则 6-14（子体系结构并行复合成体系结构）　特征的并行复合 $\alpha \|_{[C]} \beta$ 对应成两个子系统 SA_α 和 SA_β 的并行复合，复合成为体系结构 $SA\alpha \|_{[C]} \beta = (COM, CON)$，其中：（1）$COM = COM_\alpha \cup COM_\beta$；（2）$CON = CON_\alpha \cup CON_\beta \cup \{(C_T, C_f, C_b)\}$，其中 $C_f = u$，$C_b = v$。

第三节　变换中的抽象与细化

在从需求模型到软件体系结构模型的变换过程中，往往还需要用到抽象和细化两个规则。通常在以下两个情况下会用到抽象和细化：第一，当需要在更高层次把握软件体系结构的整体框架时，需要通过抽象来忽略一些可以暂时被忽略的细节；当需要更清楚地观察某个局部的细节时，需要通过细化规则来研究局部的详细构造和运行。第二，当对一个易变特征进行替换时，往往需要使用一个含有较复杂结构的构件来细化该易变变迁；对应地，对于一个闭项（即稳定特征），可以通过抽象操作使之结构更为简单。

一、抽象

伴抽象是将一个构件或者构件内部一个满足构件定义的子块（即满足构件 Petri 网结构的定义的子块）抽象为一个基本构件的过程，在实施抽象操作时，应注意类型的匹配，即被抽象的构件或子块的类型应与抽象后的简单结构类型一致。一个抽象操作的例子如图 6-10 所示，图中把子块 S 抽象成为一个变迁，由于该子块满足变迁类型基本构件的定义要求，因此该抽象是类型匹配的。

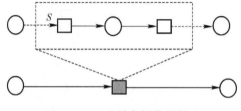

图 6-10　一个抽象操作的例子

规则 6-15（抽象操作规则）　一个构件 $Com = (P, T; F; E, A, I, O, C)$，

$S=(P_S, T_S; F_S; E_S, A_S, I_S, O_S, C_S)$ 是其中一个满足构件定义的子块，并且满足 $A_S=\varnothing$ 和 $C_S=\varnothing$；抽象操作规则是指将 Com 中的 S 抽象为最简基本构件 $S_b=(P_{Sb}, T_{Sb}; F_{Sb}; E_{Sb}, A_{Sb}, I_{Sb}, O_{Sb}, C_{Sb})$ 后，用 S_b 替代 S 后得到新构件 $Com'=(P', T'; F'; E', A', I', O', C')$，其中：（1）$P'=P\cup P_{Sb}-P_S$；（2）$T'=T\cup T_{Sb}-T_S$；（3）$F'=F\cup F_{Sb}\cup\{(x, I_{Sb})\mid (x, I_S)\in\mathrm{inflow}(I_S)\}\cup\{(O_{Sb}, y)\mid (O_S, y)\in\mathrm{outflow}(O_S)\}-F_S-\mathrm{inflow}(I_S)-\mathrm{outflow}(O_S)$；（4）$E'=E\cup E_{Sb}-E_S$；（5）$A'=A$；（6）若 $I=I_S$，$I'=I_{Sb}$，否则 $I'=I$；（7）若 $O=O_S$，$O'=O_{Sb}$，否则 $O'=O$；（8）$C'=C$。

　　抽象操作中之所以要求子块满足 $A_S=\varnothing$，原因有二：第一，主动库所被抽象后有可能导致主动性丢失或者主动性被扩大；第二，主动库所在行为相关性分析中有特殊作用，从支持动态演化的角度，它也不应该被抽象。

　　之所以要求子块满足 $C_S=\varnothing$，是因为 C_S 中的端口连接着其他构件，端口不应该被抽象。

二、细化

　　细化操作作为抽象操作的逆操作，是指将一个变迁或者一个库所细化为一个满足构件定义的子块。在实施细化操作时，同样应注意类型的匹配问题。一个细化操作的例子如图 6-11 所示，图中把一个变迁细化为一个满足构件定义的子块，由于该子块是满足变迁类型基本构件的定义要求，因此该抽象是类型匹配的。

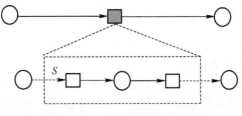

图 6-11　一个细化操作的例子

　　规则 6-16（**细化操作规则**）　一个构件 $Com=(P, T; F; E, A, I, O, C)$，其中的一个元素 $a\in P\cup T$，$S=(P_S, T_S; F_S; E_S, A_S, I_S, O_S, C_S)$ 是其中一个满足构件定义的子块，并且 a 与 S 类型匹配；细化操作规则是指将 Com 中的 a 细化为用 S 替代 a 后得到新构件 $Com'=(P', T'; F'; E', A', I', O', C')$，其中：（1）若 $a\in P$，$P'=P\cup P_S-a$，否则 $P'=P$；（2）若 $a\in T$，$T'=T\cup T_S-a$，否则 $T'=T$；（3）$F'=F\cup F_S\cup\{(x, I_S)\mid (x, a)\in F\}\cup\{(O_S, y)\mid (a, y)\in F\}-\{(x, a), (a, y)\}$；（4）$E'=E\cup E_S$；（5）$A'=A\cup A_S$；（6）$I'=I$；（7）$O'=O$；（8）$C'=C\cup C_S$。

　　需要注意的是，若被细化的元素是变迁，且是易变变迁，则用于细化该变迁的部件中至少应包含一个易变变迁；类似地，若被细化的元素是端口，则用于细化该变迁的部件中也至少应包含一个端口；若被细化的元素是主动库所，则用于细化该库所的部件中也至少应包含一个主动库所。

第四节　变换得到的体系结构模型的结构性质要求

前文给出了从需求模型向体系结构模型转换的基本规则，应用这些基本规则可以将需求模型中的各种基本部件变换成为体系结构模型中的基本部件。然而，软件产品作为人类知识的内化，必然包含诸多人工的流程，人工的流程必然可能存在失误乃至错误。因此，接下来本书提出对变换得到的体系结构模型的一些性质约束和要求，其意义在于两个方面：其一，保证体系结构模型的结构具有良好的性质，以便更好地支持动态演化的实施；其二，通过对不满足性质要求的部分进行回馈检查，发现潜在的前期的错误或不完善之处（可能是在需求建模时引入的，也可能是在变换过程中引入的），以便有针对性地修改和完善两个阶段的模型。

一、构件的结构性质要求

由于构件作为转化之后的基本部件，因此这些性质首先针对构件的结构而言。具体而言，构件的结构性质要求主要包括以下几点。

（一）无结构死锁

结构死锁是针对构件结构中一个组成部分（库所子集）而言的，该库所子集不包含接口库所和主动库所。

结构死锁是指在任何情态下，无论构件如何运行，一个不包含有标识的死锁（即库所子集）永远得不到托肯。因此，结构死锁与构件的初始情态无关，即无论初始情态如何都无法使结构死锁部分真正地参与系统的运行。

定义 6-3（结构死锁） 对于构件 $Com = (P, T; F; E, A, I, O, C)$，若存在 P_1 满足：$P_1 \subseteq P$，$P_1 \cap I = \varnothing$，$P_1 \cap A = \varnothing$，${}^{\bullet}P_1 \subseteq P_1^{\bullet}$；则称 P_1 是构件的一个结构死锁。

因为 P_1 的输入集合是其输出集合的子集，即"出多入少"，因此若失去托肯构件系统本身就无法再获得托肯（定义中也排除了主动库所）；此外，输入接口若是库所，则它也可从其他构件获得托肯，因此，在判断结构死锁的时候，也不应将输入库所包含在内。

在图 6-12 中，I 和 O 分别是构件的输入和输出接口，令 $P_1 = \{p_1, p_2\} \subseteq P$，其 $P_1 \cap A = \varnothing$，由于 ${}^{\bullet}\{p_1, p_2\} = {}^{\bullet}p_1 \cup {}^{\bullet}p_2 = \{t_1\} \cup \{t_2\} = \{t_1, t_2\}$，$\{p_1, p_2\}^{\bullet} = p_1^{\bullet} \cup$

$p_2^{\bullet} = \{t_2, \ t_3\} \cup \{t_1\} = \{t_1, \ t_2, \ t_3\}$，满足 ${}^{\bullet}\{p_1, \ p_2\} \subseteq \{p_1, \ p_2\}^{\bullet}$，所以 $\{p_1, \ p_2\}$ 是构件的一个结构死锁。

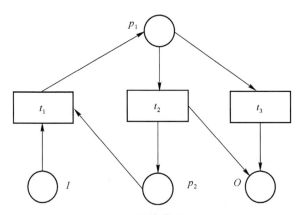

图 6-12　一个结构死锁的例子

（二）无陷阱

陷阱也是针对构件结构中一个组成部分（库所子集）而言的，同样，该库所子集也不包含接口库所，但陷阱不考虑库所的主动性和被动性。

与结构死锁相反，无论构件如何运行，一个包含有标识的陷阱（即库所子集）永远不会失去托肯；类似地，输出接口若是库所，则它具备将托肯传递给其他构件的能力，因此，在判断陷阱的时候，不应将输出库所包含在内。

定义 6-4（陷阱）　对于构件 $Com = (P, \ T; \ F; \ E, \ A, \ I, \ O, \ C)$，若存在 P_1 满足：$P_1 \subseteq P$，$P_1 \cap O = \varnothing$，$P_1^{\bullet} \subseteq {}^{\bullet}P_1$ 则称 P_1，是构件的一个陷阱。

因为 P_1 的输出集合是其输入集合的子集，即"入多出少"，因此只要有托肯进去就无法出来了。可见，陷阱和结构死锁一样，是很不好的结构性质，都是应该尽力避免的结构现象。

（三）结构安全性

结构安全性是指构件中的任何一个库所，在任意一个初始标识情态下，无论构件如何运行，构件中的库所总是有界的。库所在构件中隐含描述着存储空间等资源，这些资源在计算机系统中本身是有一定限制的，因此，只有库所是有界的，才能保证系统的安全性。无界的库所，即使拥有的空间资源再多，也有被耗尽的时候。因此，必须保证构件中库所的有界性。

定义 6-5（结构安全性）　对于构件 $Com = (P, \ T; \ F; \ E, \ A, \ I, \ O, \ C)$，如果对于构件的任意初始标识 M，构件系统 $C_D = (Com, \ M)$ 都是有界的，则称构件 Com 满足结构安全性。

结构安全性的判定，可以先求其关联矩阵 A，然后证明存在 $|P|$ 维正整数向量 Y，使得 $AY \leqslant 0$，其详细证明可参看文献（吴哲辉，2006）。

二、体系结构的结构性质要求

在构件的结构性质基础上，考虑 SA 的结构性质要求。

（一）连通性

由于软件系统是一个相互协作和通信的整体。因此，软件体系结构作为软件系统的一种抽象，也必须是有机的整体，即 SA 的结构必须满足连通性。

定义 6-6（连通性）　对于静态软件体系结构 $SA_S = (COM, CON)$，构建其静态图 $G = (V, E)$，其中每个构件对应一个顶点 V，每个连接件对应一条边 E，若 G 满足弱连通性，则称 SA_S 满足连通性。

需要注意的是，对静态图只需满足弱连通性，不必要求是强连通的。

（二）连接匹配性

由于构件具有多种基本类型，每种连接件对其源和槽的类型都要各自的要求，因此，连接件的源和槽的类型与构件类型的匹配是体系结构正确的最基本要求。

定义 6-7（连接匹配性）　对于静态软件体系结构 $SA_S = (COM, CON)$，CON 中的每个元素的 C_f 和 C_b 都对应着 COM 中的一个元素中的一个库所或变迁，并且满足以下 4 个对应的条件：

(1) 库所融合连接件 C_P 的 C_f 和 C_b 都对应着库所；

(2) 变迁融合连接件 C_T 的 C_f 和 C_b 都对应着变迁；

(3) 正弧添加连接件 C_{PT} 的 C_f 和 C_b 分别对应着库所和变迁；

(4) 逆弧添加连接件 C_{TP} 的 C_f 和 C_b 分别对应着变迁和库所。

若 CON 中的每个元素都满足对应的条件，则称 SA_S 满足连接匹配性。

（三）端口无冗余性

构件通过端口经变迁融合连接件与其他构件交互，完成构件之间的同步通信。构件的端口应该且必须与其他构件的端口通过连接件相连，不应该存在不实际参与交互的端口，即端口应该满足无冗余性。

定义 6-8（端口无冗余性）　对于静态软件体系结构 $SA_S = (COM, CON)$，称它满足端口无冗余性，当且仅当 COM 集合中的任意一个构件 c，令 $c = (P_c, T_c;$ $F_c; E_c, A_c, I_c, O_c, C_c)$，$t$ 是 C_c 中的任意一个元素（即端口），则存在 CON 中的一个元素，其类型是 C_T 且其 C_f 和 C_b 中之一是端口 t。

端口无冗余性是针对体系结构而言的，因为只有构件被放置于体系结构的环境中，才能判断其端口是否冗余，独立存在的构件的端口只体现了一种能够参与交互的能力。

三、小结

为了方便地构建面向动态演化的体系结构模型，本章在前文工作的基础上，提出了一种将需求模型转换为体系结构模型的方法，该方法把需求模型中的各种基本部件和组合部件（分别为计算行为特征和交互行为特征）转换为体系结构模型中的对应部件（由构件和连接件组成），为实现需求模型和体系结构模型之间的可追踪性奠定了基础。本章提出的变换方法首先将各种原子特征进行变换，在此基础上进行粒度稍大的组合和复合的变化，由于组合和复合是可以迭代的，因此，本书进一步引入抽象和细化的规则以便于变换过程的复杂性控制，最后通过对变换得到的体系结构的性质进行要求和约束，来保证变换得到的体系结构的静态结构的性质。良好的静态结构性质为动态行为的管理提供了必要的基础。

第七章 面向动态演化的行为管程

面向动态演化的软件形式化建模方法是以行为管程为支撑的，因此本章重点讨论面向动态演化的行为管程。

上一章讨论了从需求模型向体系结构模型的变换，但是变换得到的只是静态的体系结构模型（由于系统尚未投入运行，因此还无法得到体系结构的状态，因此也无法得到动态的体系结构模型）。然而，在动态演化中必须考虑体系结构的动态模型及其行为。由于软件系统的行为分散在各个构件和连接件及其交互之中，因此若缺乏有效的机制对行为进行管理和监控，势必造成行为相关性分析的困难，进而无法有效支持软件的动态演化。

在操作系统领域，为了解决信号量存在的分散编程带来的困难，著名计算机科学家 Hoare 和 Hansen 分别于 1974 年和 1975 年提出了一种新型语言构造，称为管程（monitor）。《软件并行开发过程》（李彤，2003）一书中在经典管程概念的基础上，进一步提出了开发管程（development monitor）的概念，以实现基于开发管程的并行控制，这是对管程思想的一种应用和自然延伸。本书在以上工作的基础上，针对动态演化中行为管理分散和复杂的实际情况，提出"行为管程"（behavior monitor）这一概念，旨在以行为管程作为支撑，以一种统一的方式，处理面向动态演化的若干与行为管理和监控密切相关的问题。

由于体系结构模型是动态演化的视图，而本书提出的体系结构模型是建立在扩展的 Petri 网基础之上的，因此，行为管程需要管理、监控和演化的对象包括以下几个方面：（1）软件系统与外界的交互在体系结构模型之中是通过主动库所来实现的，因此需要对主动库所之中的托肯增加进行管理和支持，这样行为管程就成为体系结构模型与系统外部交互的统一接口；（2）为了支持动态演化，需要驱使一些构件进入"静止状态"，行为管程应在这一方面提供支持；（3）为了保证交互的一致性和为状态迁移做支持，需要保存一些交互信息和构件状态，行为管程应在这一方面提供支持；（4）由于 Petri 网中的选择是非确定性选择，为了有效管理系统运行，行为管程应对非确定性选择这一特殊行为进行控制；（5）互斥作为许多系统的需求以及资源争夺的一些约束条件，普遍存在于软件系统之中，因此若能在行为管程中对互斥进行统一管理，有利于提高软件系统及其体系结构的简洁性、易维护性和易演化性等优良性质；（6）行为管程应支持对若干重要行为性质的验证，比如可达性、活性等；（7）演化实施机构，包括构件的添加、删除、替换、演化，以及连接件的添加和删除。后文将通过管理、监控和演化三个方面来进一步阐述行为管程的职能。

第一节　行为管程概述

本节对行为管程的概念及其在动态演化中所处的位置进行阐述。

一、行为管程的概念

管程的发明人之一 Hansan 是这样定义管程的：管程是关于共享资源的数据结构及一组针对该资源的操作过程所构成的软件模块（孙钟秀，2003）。《软件并行开发过程》（李彤，2003）这样定义开发管程：开发管程定义了一个公共实体和对该实体进行访问的一组操作；该公共实体是至少两个软件过程所共同操作的对象；一个操作是一个活动的序列，该组操作能同步软件过程和读、写、修改开发管程中的公共实体。

从以上的定义可以看出，无论是管程还是开发管程，其实质都是一种扩展了的抽象数据类型，并由支撑环境提供共享、同步控制（传统的管程）和并行控制（开发管程）的保障机制。其实，管程的概念早于面向对象技术的产生（管程最早于 1974 年提出），许多学者认为管程是后来面向对象技术的先驱。近年来，软件理论与技术日新月异，软件范型则经历了"从面向过程范型和面向对象范型，向基于构件的范型和面向服务的范型的转变"（何克清，2008）。本书认为，基于以上形式的变化，"行为管程"不应再局限于抽象数据类型或者面向对象技术中的"类"的概念，而应与时俱进，是一种"服务"，而且是一种由支撑环境提供保障机制的"可靠服务"。接下来，给出本书对行为管程的定义。

定义 7-1（行为管程） 行为管程是一类特殊的服务,该类服务针对软件系统的行为和软件动态演化的实施而提供可靠的普适性支撑服务，该类服务的性质（如可靠性、高优先级、事务性等）由具体的运行和演化环境定义并提供保障，普适性支撑服务主要包括对行为的管理、监控和实施动态演化的基本操作等。

行为管程要提供对行为管理和动态演化的普适性支撑服务，通常需要依据"策略与机制相分离"的原则，在不考虑具体的软件系统行为和软件动态演化实施的具体策略的前提下，提炼软件系统行为管理、监控和软件动态演化实施中所必需的基本支持功能，以服务的方式进行描述。行为管程的主要目标有两点：（1）为提高动态演化的可操作性提供支持；（2）为保证动态演化实施的可靠性提供支持。

考虑到目前的主流平台通常只提供对软件开发和系统运行方面的支持，缺少对动态演化实施和系统行为管理等方面的有效支持。因此，若能在具体的运行和演化环境中定义并实现"行为管程"及提供一组支持系统行为管理和动态演化实施的可靠服务，将对动态演化实施的易操作性起到显著的支持和推动作用。当然，与管程存在着"对编译器的依赖性"的不足，以及"开发管程"存在着"对软件开发支持环境的依赖性"的不足类似，"行为管程"也存在着"对运行和演化环境的依赖性"这一不足，需要运行和演化环境实现行为管理机制。

二、行为管程在动态演化实施中所处的位置

行为管理在动态演化实施中所处的位置如图 7-1 所示。

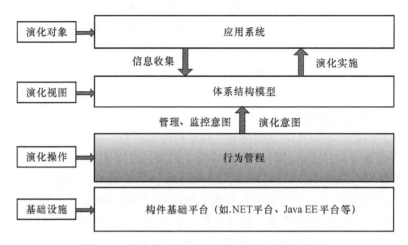

图 7-1　行为管程在动态演化实施中所处的位置

图 7-1 中包含 4 层：第一层（即最底层）是基础设施层，比如 . NET 平台、Java EE 平台等提供对应用系统运行的必要环境和支持。第二层是行为管程，对软件系统的管理、监控和演化主要通过行为管程来操作，即行为管程针对软件系统的行为和软件动态演化的实施提供一系列可靠的普适性支撑服务，关于具体包含的服务更详细的讨论将在后文进行。第三层是演化视图层，即基于扩展 Petri网的软件体系结构模型，该视图起到承上启下的作用：一方面它是应用系统的抽象表示，通过不断收集应用系统的信息，保持与应用系统之间的一致性；另一方面，行为管程通过对管理、监控意图或演化意图操作于体系结构模型，然后进一步具体化实施于应用系统，从而达到对应用系统的管理、监控和演化，同时保持应用系统与体系结构模型之间的一致性。第四层即最上层是演化对象，即应用系统。

关于应用系统和体系结构模型之间的信息收集和演化实施以及两者之间的一致性保持，这一问题虽然不在本书的研究范畴，但有必要对其进行简单的阐述。目前，实现这一方案的一种较为普遍的策略是采用基于内省和调解的反射方法。

反射的概念最早由 B. C. Smith 于 1982 年在其博士学位论文中提出（B. C. Smith, 1982）；反射方法使得一个应用程序有一个成分可以描述和改变其自身，包括结构反射和行为反射。使用反射技术构建的系统称为反射系统，是一个自表达、自观察和自演化的系统（吴卿，2010）。在反射系统中一般采取"关注分离"的原则，将系统分为基层和元层。图 7-1 中的演化系统中的应用系统可对应于基层，体系结构模型可对应于元层，从而依靠反射系统实现信息收集和演化实施。随着软件技术的发展，反射技术已被集成于中间件系统，即反射中间件（G. Coulson, 2002；胡海洋，2005）。反射中间件的研究与发展进一步为应用系统和体系结构模型之间的因果关系提供了强有力的支持。吴卿等在反射中间件的基础上进一步提出了自适应中间件的概念（吴卿，2010）。马晓星等则提出了一种面向服务的动态协同架构，该架构引入内置的运行时体系结构对象来解耦系统中的各个构件，把体系结构这一抽象的概念具体化为可直接操控的对象（马晓星，2005），与本书的图中的第三层和第四层的区分、收集与实施的思想有异曲同工之妙。

由于行为管程对运行和演化环境具有依赖性，因此，针对本书提出的软件体系结构模型，接下来将通过管理、监控和演化三个方面详细阐述行为管程所应提供的服务：分别描述为管理职能、监控职能和演化职能。由于体系结构模型是建立在扩展的 Petri 网之上，因此行为管程在许多方面也是针对 Petri 网而言，从而突出了体系结构作为演化视图的功能。

需要说明的是，本书并不涉及行为管程的具体实现，而是从理论角度提炼行为管程的支撑服务，为动态演化的易操作性提供支撑服务，同时为保证动态演化实施的可靠性提供支撑服务。

第二节　行为管程的管理职能

行为管程的管理职能包括对托肯、库所和变迁三类对象的管理。

一、行为管程的托肯管理

没有托肯的体系结构模型只是静态的结构，有了托肯之后系统就可以根据变迁规则动态运行。体系结构模型中的主动库所，代表系统中与系统外部交互的部分（即系统边界），当系统外部的实体（可以是人或者其他系统）向系统输入数据时，在体系结构模型中表现为主动库所中增加一个托肯。为了便于对托肯的管理，有必要使托肯带上一些信息，即对托肯进行扩展。

（一）带目标的托肯

托肯作为系统中的数据在体系结构模型中的抽象，其实质是系统外部提交给系统的一项任务。当托肯在体系结构模型中根据变迁规则运行到某一个特定的位置时，该项任务完成，那个特定的位置就是该托肯的目标。

定义 7-2（带目标的托肯）　由主动库所产生的托肯是带目标的托肯，是一个三元组 $k=(kid, goal, pos)$，其中：（1）kid 是托肯的唯一标识；（2）$goal$ 是软件体系结构模型中的一个库所名，代表托肯的目标库所，托肯到达该库所即完成其任务；（3）pos 也是一个库所名，代表托肯目前所处的位置。

引入带目标的托肯有几个好处：首先，方便管理，这点将在后文体现；其次，方便实现，只需在对应的数据结构中增加几个字段；再次，也是很重要的一点，引入带目标的托肯仅仅增加了托肯的信息量，而不会对 Petri 网的点火机制产生影响，即带目标的托肯与经典的托肯是相容的；最后，需要注意的是，同一个主动库所产生的托肯其目标不一定相同（比如同一个系统边界：信息检索功能，根据检索条件的不同，其对应的目标即不相同）。

（二）托肯的失去

托肯的增加来源于主动库所，即系统的外部驱使主动库所产生新的托肯。但是，由于同一个主动库所产生的托肯其目标不一定相同，因此对于托肯的失去无法由 Petri 网的运行规则统一完成。

行为管程的职能之一就是清除系统中已完成任务（即已到达目标）的托肯，即托肯的失去。为了给托肯的正常失去设定统一的标准（这也是对托肯进行扩展的原因），接下来给出托肯失去的规则。

规则 7-1（托肯的失去规则）　当一个托肯 kid 满足条件 $kid.goal = kid.pos$ 时，即托肯当前位置与其目标库所相同，行为管程将可以去除体系结构模型中的托肯 kid。

主动库所因为系统外部的驱使不断地产生新托肯，若不引入托肯的失去机制，必将导致 Petri 中的库所中的容量越来越大，即系统的不安全。可见，托肯的失去是与主动库所的托肯增加相对应的一种机制。

二、行为管程的库所管理

在面向动态演化的体系结构模型中，库所被区分为主动库所和被动库所。主动库所是系统中与系统外部交互的元素，是系统的边界。行为管程对库所的管理首先需要考虑对主动库所的管理。

（一）主动库所的管理

前文已述，主动库所是动态演化中行为相关性的源头元素，因此在进行行为相关性分析或者控制相关性传播的时候，一个直观的想法是暂时停止源头元素往系统中添加新的任务，以避免问题的复杂性进一步提升。为了在这一方面提供支持，演化管程使得主动库所引入两种状态：活动态和静止态，活动态的主动库所可以接收系统外部的任务，往主动库所中添加托肯；而静止态的主动库所暂时无法接收系统外部的任务，其库所内的托肯按照 Petri 的运行规则变化。

定义 7-3（主动库所的状态）　主动库所的状态包含两种，P. state→{active, static}：（1）active：活动态，主动库所可以添加新托肯到库所中；（2）static：静止态，主动库所暂时无法添加新托肯，其库所内的托肯仅由 Petri 的运行规则决定。

主动库所的静止态的引入为软件演化的实施和行为相关性的分析带来方便，但同时又引入了一个新的问题：一旦主动库所处于静止态，则它将无法接收系统外部的数据，也将无法执行系统外部提交的任务，这使得动态演化的意义大为降低。为了应对这一问题，在行为管程中进一步提出库所缓冲池机制。

（二）库所缓存池

库所缓冲池是一个存储机构，用于存储托肯，由行为管程统一管理。当主动库所处于静止态时，系统外部若需要向主动库所中添加托肯，则将该托肯暂时存放于库所缓存池中，待该主动库所的状态由静止转变为活动时，再将暂存的托肯从缓存池中取出，转移到对应的库所之中。

库所缓冲池的引入，使得主动变迁处于静止态时不至于暂时丧失其对应的功能，只是将待处理的任务推迟到库所状态恢复活动态时再进行处理。这样，动态演化的实施不至于丧失系统的部分功能，从效率上看，动态演化的实施只是影响了系统的响应时间。

定义 7-4（库所缓冲池）　库所缓冲池是一个队列 Q，Q 中的每一个元素是一个带目标的托肯。

这样，在每次当一个主动库所 S 由静止态变为活动态时，只需扫描队列 Q，将 Q 中 $pos=S$ 的托肯添加到库所 S 中，同时从队列中删除该托肯即可。

需要说明的是，库所缓冲池不仅在支持主动库所的管理方面发挥着作用，在构件状态迁移时也可发挥作用，起到暂时保存构件的状态的作用。当然，也可以通过引入专门的队列进行构件的状态保存。

（三）主动库所的能力集

主动库所作为系统与系统外部之间进行交互的边界的抽象，在每一次交互中，系统外部提交给系统不同的任务，反映在软件体系结构模型中是往主动库所中添加不同目标的托肯。然而，一个主动库所能产生的托肯种类是有限的，这是由于它所能接受的任务种类是有限的。因此，每一个主动库所对应着一个它所能完成的任务列表，其表现形式为一个包含不同目标的托肯的集合，本书称之为主动库所的能力集。

定义 7-5（主动库所的能力集）　主动库所 P 的能力集，是 P 所能产生的有限托肯的集合，记为 P. ability，P. ability 集合中的每一个元素是一个带目标的托肯，记为 $k_i = (kid_i, goal_i, pos_i)$，其中 kid_i 和 $goal_i$ 各不相同，$pos_i = P$。

需要注意两点：（1）主动库所的能力集中的元素个数是有限的；（2）每个元素所处的初始位置都是 P。

三、行为管程的变迁管理

在对一个构件进行动态演化时，由于往往需要改变构件本身的组成或结构，因此，实施动态演化时，构件应该处于静止状态以避免发生不可预期的结果。要使构件进入静止状态，需要三个条件：第一，要求构件内的系统边界（即主动库所）处于静止态，这一点前文已作讨论；第二，要求构件的接口（这里指输入接口）暂时不接受其他构件传递来的托肯，这一点将在后文叙述；第三，要求构件的内部处于暂停状态，即内部变迁不发生点火，这一点是行为管程的变迁管理需要关注之处。

（一）引入变迁的状态

与主动库所类似，为了管理变迁，使之能够进入静止状态，引入了变迁的两种状态：活动态和静止态，活动态的变迁按 Petri 网的运行规则进行点火，静止态的变迁即使满足点火规则也不能发生。

定义 7-6（变迁的状态）　变迁的状态包含两种，T. state→{active，static}：（1）active：活动态，变迁在其满足点火前提条件下可以发生；（2）static：静止态，无论变迁是否满足点火的前提条件，变迁都不能发生。

在构件内部的变迁处于静止态下，由于变迁无法点火执行，整个构件内部状态不会发生变化，构件内部呈现出静止状态。

（二）带状态的变迁运行规则

由于 Petri 网的运行是通过变迁的发生来体现的，因此，接下来，形式化给出带状态变迁的运行规则。

规则 7-2（带状态变迁的点火规则）　对于变迁 $t \in T$，若任意 $p \in P:(p \in {}^\bullet t \to M(p) \geqslant 1) \wedge (t. state \neq static)$，则说变迁 t 是活动的且在状态 M 下可以发生，记为 $M [t>$。

若 $t. state = static$，即使满足条件"任意 $p \in P$，$p \in {}^\bullet t \to M(p) \geqslant 1$"，变迁 t 也不能发生点火。

第三节 行为管程的监控职能

行为管程的监控职能包括两个方面，其一，监视职能；其二，控制职能。下面分别予以阐述。

一、行为管程的监视职能

行为管程的监视职能主要包括两个方面：构件管理态的监视和托肯目标的可达性监视，以下分别叙述。

（一）构件管理态监视

为了支持动态演化操作，需要在必要的时候将构件驱动进入静止状态。显然，静止状态是区别于活动状态的构件的一种基本状态。由于构件的静止态和活动态的引入主要是为了支持动态演化的管理，同时为了避免因与构件系统的状态（定义 5-16）类似而产生歧义，因此把构件的静止态和活动态称为构件的管理态。

定义 7-7（构件的管理态） 构件的管理态包含两种，$Com.$ state→{active，static}：（1）active：活动态，构件参与到软件系统的正常运行，并可以执行构件的所有功能的状态；（2）static：静止态，构件处于暂时无法接收其他构件的信息、无法接收系统外部的输入、构件系统状态（即 Petri 网的格局）无法改变的状态。

行为管程为了对构件的管理态进行统一管理，就必须首先了解和监视系统中所有构件所处的管理态，因此，行为管程中设立了一个特殊的数据结构——构件管理块，用它来记录和保存所有构件的管理态。

定义 7-8（构件管理块） 构件管理块（Component Management Block，CMB）是一个链表，链表中每一个结点对应待演化系统中的一个构件，并记录该构件的以下信息：（1）构件标识符；（2）构件的管理态；（3）构件中的主动库所的状态；（4）构件中的变迁的状态。

构件管理块是行为管程感知和管理待演化系统的重要机构，行为管程正是通过构件管理块来监视构件的状态。

（二）托肯目标可达性监视

行为管程的监视职能的另一个主要用途是监视每一个托肯是否能够达到它的目标库所。由于托肯是系统外界向系统提交的任务的抽象，有时，外部系统可能提交给系统无法完成的任务，即托肯的目标库所是该托肯无法到达的，因此，需要行为管程能够监视和判断托肯的目标是否能够到达。接下来，给出判断一个托肯的目标是否可以达到的判定算法。

算法 7-1（托肯目标的可达性判定算法）　判定对于托肯 k，在软件体系结构模型 SAD=(COM，CON，MO) 的状态 MO 下，托肯 k 是否可以到达其目标 k. goal。

输入：SAD=(COM，CON，MO)，k=(kid，goal，pos)

输出："可达" or "不可达"

(1) 初始化有向图 RG(p)=(V，E)=({MO}，∅)，MO 未做标记

(2) while 在集合 V 中还存在未做标记的节点 do

　　(2.1) 从集合 V 中任意选一个未做标记的节点 m1 并标记它

　　(2.2) 将 k. pos 到 k. goal 的路径中涉及的连接件用等效托肯或变迁替换

　　(2.3) for 每个在情态 m1 下满足 ($^\bullet$t⊆m1)∧(k. pos ∈ $^\bullet$t) 的变迁 t，do

　　　　(2.3.1) 计算 m2，变迁 t 的发生使得 m1→m2

　　　　(2.3.2) 改变 k. pos 为新的库所名

　　　　　(2.3.2.1) if k. pos=k. goal，输出"可达"，算法结束

　　　　　(2.3.2.2) else V：=V∪{m2}，其中 m2 未做标记；

　　　　(2.3.3) E：=E∪{〈m1，t，m2〉}

(3) V 中不存在未做标记的节点，输出"不可达"，算法结束

本算法在执行的过程中也在构造体系结构模型的可达图，但是不同于传统的 Petri 网的可达图构造，本算法只考虑与托肯 k 相关的变迁的执行，与托肯 k 无关的变迁的执行不在本算法的计算范围之内，因而本算法比传统的 Petri 网的可达图构造更加简单，其关键在于增加条件"$k. pos ∈ ^\bullet t$"，使得涉及的变迁只是体系结构模型中变迁的一个子集。

若一个托肯无法到达其目的，则说明任务异常，可以通过改变托肯的目标或者采用由行为管程去除异常托肯的方法等来实现异常托肯的处理，至于到底采用何种方法处理异常托肯，则由具体的应用系统决定。

二、行为管程的控制职能

行为管程的控制职能主要是针对"互斥"而言。互斥是软件系统中常见的一种需求，往往分散在软件系统的各个部分，因而造成互斥的管理困难。行为管程拟对互斥进行统一管理，这样使得体系结构模型更为简洁，同时统一管理也更有利于避免错误的引入。由于行为管程的管理对象是基于 Petri 网的软件体系结构模型，因此，根据 Petri 独具特色的特点，本书中的互斥控制职能包括对库所的互斥使用和对变迁的互斥控制。

（一）库所的互斥控制

库所的互斥使用是指某个库所只能进入一个托肯（也可扩展为只能同时进入 n 个托肯），库所的互斥控制可以通过添加补库所的方式实现。

　　图7-2 所示为库所的互斥控制的一个例子，图中库所 P 必须要互斥控制，即每次只允许一个托肯进入库所 P，通过添加补库所 S，并设定 S 中初始只有一个托肯可以实现库所 P 的互斥控制。若 S 中初始有 n 个托肯，则允许同时进入 S 中的托肯数量也为 n。可见，对库所的互斥控制是容量控制的一种特例。

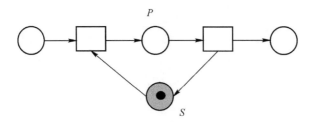

图7-2　库所的互斥控制

（二）变迁的互斥控制

　　变迁的互斥控制是指两个变迁不能同时点火执行。由于变迁是系统中活动的抽象，而系统需求往往会要求两个活动不能并行执行，因此，变迁的互斥控制在应用系统中普遍存在。变迁的互斥控制可以有两种实现方式，一种是简单的互斥，即只要保证两个变迁不同时发生即可；另一种是有序的互斥，不仅要保证两个变迁不同时发生，还要保证两个变迁按先后交替的顺序依次点火执行。

　　图7-3 所示为变迁的简单互斥控制的一个例子，图中变迁 t_1 和 t_2 必须要互斥控制，通过添加控制库所 S，并设定 S 中初始只有一个托肯就可以实现变迁的简单互斥控制。

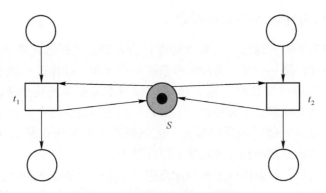

图7-3　变迁的简单互斥控制

　　图7-4 所示为变迁的有序互斥控制的一个例子，图中变迁 t_1 和 t_2 必须要有序地互斥控制，即先执行 t_1，再执行 t_2，下次又执行 t_1，然后 t_2，依此循环。通

过添加控制库所 S_1 和 S_2，并设定 S_1 中初始只有一个托肯，可以实现变迁的有序互斥控制。

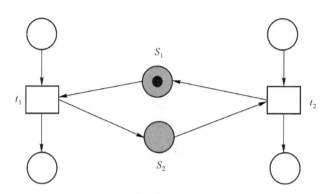

图 7-4　变迁的有序互斥控制

第四节　行为管程的演化职能

行为管程的演化职能提供一些最基本的演化操作，以支持动态演化的实施。这些最基本的演化操作包括驱动构件进入静止管理态、驱动构件进入活动管理态、构件添加、构件删除、连接件添加、连接件删除等。

需要说明的是，对于本章所涉及的这些基本的演化操作，暂时不对相关性分析、构件状态迁移和一致性保证等问题进行深入探讨，这些问题的详细解决方案留在后续章节讨论。此外，由于构件替换涉及状态迁移问题，因此，也暂时不予以讨论。

一、驱动构件进入静止管理态

要使构件由活动管理态（简称活动态）进入静止管理态（简称静止态），需要满足 3 个条件：第一，要求构件内的系统边界（即主动库所）处于静止态；第二，要求构件的接口（这里指输入接口）暂时不接受其他构件传递来的托肯；第三，要求构件的内部处于暂停状态，即内部变迁不发生点火。为了将构件进入静止状态之后对系统的影响降到最低，应同时把主动库所中系统外部提交的任务、其他构件传递过来的托肯暂时置于缓存池中。

需要注意的是，驱动构件进入静止态应该作为一个事务来执行，即应该具有原子性。具体来说，驱动构件进入静止态的事务动作要么成功，即都被正常执行；要么失败，即任何一个事务动作都未被执行。如果执行中间出现异常，则之前已执行过的动作必须全部被撤销，即事务中的回滚（roll back）。

驱动构件进入静止态的算法如下。

算法 7-2（驱动构件进入静止态算法）　对于构件 Com，在软件体系结构模型 SAD=（COM，CON，M0）的状态 M0 下，满足 Com∈COM，驱动构件 Com 由活动管理态变为静止管理态。

输入：SAD=（COM，CON，M0），Com=（P，T；F；E，A，I，O，C），CMB

输出：Com 的新管理态

（1）Begin Transaction：

（2）For each Con∈CON

　　（2.1）If（Con. Cb==Iid）Set Con. Cb=Q；//Q 是缓冲池

　　（2.2）Add（Con. Cb==Iid）into File（Manage）；//File（Manage）是管理文件

（3）For each p∈A

　　（3.1）Set p. state=static in CMB

　　（3.2）＊p=Q

（4）For each t∈T

　　（4.1）Set t. state=static in CMB

（5）Set Com. state=static in CMB

（6）输出 Com. state

（7）End Transaction

本算法的关键点在于：（1）作为一个事务，所有动作要么全做，要么全不做；（2）构件被驱动进入静止态后，原本要传递和提交给构件的托肯被暂时保存在缓冲池中；（3）需要一个管理文件 File（Manage）来暂时保存连接件的槽信息，以便将来构件恢复活动时将连接件恢复到输入接口。

二、驱动构件进入活动管理态

要使构件由静止管理态（简称静止态）进入活动管理态（简称活动态），同样需要满足 3 个条件：第一，要求构件内的系统边界（即主动库所）恢复为活动态；第二，要求构件的接口（这里指输入接口）恢复接受其他构件传递来的托肯；第三，要求构件的内部的变迁恢复活动状态。此外，还需要对缓存池中的队列进行扫描，把其中位置位于构件中的托肯恢复到构件之中。

驱动构件进入活动态也应该作为一个事务来执行，其算法如下。

算法 7-3（驱动构件进入活动态算法）　对于构件 Com，在软件体系结构模型 SAD=（COM，CON，M0）的状态 M0 下，满足 Com∈COM，驱动构件 Com 由静止管理态变为活动管理态。

输入：SAD=（COM，CON，M0），Com=（P，T；F；E，A，I，O，C），CMB

输出：Com 的新管理态

（1）Begin Transaction

（2）For each Con∈CON

　　（2.1）If（Con. Cb==Q）Set Con. Cb=Iid

（3）For each p ∈ A

　　（3.1）Set p. state = active in CMB

（4）For each t ∈ T

　　（4.1）Set t. state = active in CMB

（5）For each k ∈ Q

　　（5.1）If（kid. pos ∈ P）Add k into P

　　（5.2）Delete k in Q

（6）Set Com. state = active in CMB

（7）输出 Com. state

（8）End Transaction

除了也作为一个事务执行，本算法与算法 7-2 的基本操作刚好相反，把主动库所、构件内的变迁恢复为活动态，把原先的连接件重新定向到构件的输入接口。需要注意的是，本算法还需扫描缓存池中的队列 Q，并把其中的所处位置在构件中的托肯添加到对应的库所之中，然后在 Q 中删除对应的结点。

三、连接件添加操作

连接件添加操作是指在软件体系结构模型中建立新的连接，由于连接件具有多种类型，不同类型的连接件对其源和槽的类型有各自的要求，因此，在进行连接件添加操作时必须保证类型的匹配。

连接件添加操作的算法如下。

算法 7-4（连接件添加算法）　在软件体系结构模型 SAD =（COM，CON，M0）的状态 M0 下，添加连接件 Con =（Type，Cf，Cb）。

输入：SAD =（COM，CON，M0），Con =（Type，Cf，Cb），CMB

输出："添加成功" or "添加失败"

（1）Check Cf、Cb 对应的元素类型是否与 Type 匹配

（2）If 不匹配，输出 "添加失败"，算法结束

（3）Set Cf. state = static in CMB

（4）If Cf. type = = "库所"，＊Cf = Q

（5）If Con. type = = "CT"，Cf 和 Cb 对应的构件 Comx′. C = Comx. C∪｛Cx｝

（6）Add Con into CON

（7）Set Cf. state = active in CMB

（8）If Cf. type = = "库所"

　　（8.1）For each k ∈ Q

　　　　（8.1.1）If（kid. pos ∈ Cf）Add k into Cf

　　　　（8.1.2）Delete k in Q

（9）输出 "添加成功"，算法结束

添加连接件的时候，需要把连接件的源对应的库所或变迁驱动为静止状态，若源是库所，还必须使用缓存池暂存在添加连接件过程中往库所中添加的托肯。

待库所恢复活动后，再从缓存池中恢复托肯。此外，还有一点需要注意的是，若连接件的类型是变迁融合连接件，则对应的构件的端口集合可能需要改变，即对应的源和槽也将变为构件的端口。

四、连接件删除操作

连接件删除操作是指在软件体系结构模型中删除已经存在的连接。需要注意的是：删除连接件往往只是软件动态演化的一个步骤，一般在删除一个连接件后，往往会再建立新的连接件。

连接件删除操作的算法如下。

算法 7-5（连接件删除算法）　在软件体系结构模型 SAD=（COM，CON，M0）的状态 M0 下，删除连接件 Con=（Type，Cf，Cb）。

输入：SAD=（COM，CON，M0），Con=（Type，Cf，Cb），CMB

输出："删除成功" or "删除失败"

(1) Check Con ∈ CON

(2) If 不满足，输出"删除失败"，算法结束

(3) Set Cf. state=static in CMB

(4) If Cf. type== "库所"，*Cf=Q

(5) If Con. type== "CT"，Cf 和 Cb 对应的构件 Comx′. C=Comx. C-{Cx}

　　(5.1) Foreach L ∈ CON

　　　　(5.1.1) If L. type= "CT" 且（L. Cf==Con. Cf 或 L. Cb==Con. Cf）

　　　　　　(5.1.1.1) Cf 对应的构件 Comx′. C=Comx. C∪{Cx}

　　　　(5.1.2) If L. type= "CT" 且（L. Cf==Con. Cb 或 L. Cb==Con. Cb）

　　　　　　(5.1.2.1) Cb 对应的构件 Comx′. C=Comx. C∪{Cx}

(6) Delete Con from CON

(7) Set Cf. state=active in CMB

(8) If Cf. type== "库所"

　　(8.1) For each k ∈ Q

　　　　(8.1.1) If (kid. pos ∈ Cf) Add k into Cf

　　　　(8.1.2) Delete k in Q

(9) 输出"删除成功"，算法结束

需要注意的是，算法第（5）步采取先删除再判断添加的方法，即先把待删除连接件的源和槽从端口集中删除，再判断是否有其他的变迁融合连接件连接到对应的部件，若有，则重新将其恢复为端口。

五、构件添加操作

构件添加操作是指往软件系统中添加一个构件的操作。由于构件被添加之后必须要与其他构件进行交互，因此，与之对应的连接件也必须被添加。需要注意

的是，添加一个构件的同时，可以有多个连接件被添加；但必须有至少一个连接件被添加进来，否则新添加的构件将是一个孤立的结点，将不满足软件体系结构的定义要求。

构件添加操作的算法如下。

算法 7-6（构件添加算法）　在软件体系结构模型 SAD =（COM，CON，MO）的状态 MO 下，添加构件 Com 及其连接信息 Con[ ] =（Type，Cf，Cb）。

输入：SAD =（COM，CON，MO），Com =（P，T；F；E，A，I，O，C），Con[ ] =（Type，Cf，Cb），CMB

输出："添加成功" or "添加失败"

(1) Add Com into CMB

(2) Set Com. state = static in CMB

(3) COM = COM ∪ Com

(4) Foreach Conn in Con[ ]

　　(4.1) Call 算法 7-4

(5) Set Com. state = active in CMB

(6) 输出 "添加成功"，算法结束

算法首先在 CMB 中注册新添加的构件的信息，并设置其管理态为静止，然后改变体系结构中的构件集合（即添加构件操作）；之后依次建立连接关系，最后驱动构件进入活动状态。需要注意的是，若连接件的类型不匹配，则算法将输出 "添加失败"，然后终止，这一结果隐含在步骤（4-1）调用的算法 7-4 之中。

六、构件删除操作

构件删除操作是指将软件系统中一个构件删除的操作，在删除构件的同时，还必须同时将与其相连的连接件一并删除。由于与其相连的连接件可能有多个，因此，可能需要删除多个连接件。在删除构件的时候，要求构件内部没有托肯，否则删除失败。此外，还需考虑到与构件行为相关的其他构件，其判断方法将在下一章阐述。

构件删除操作的算法如下。

算法 7-7（构件删除算法）　在软件体系结构模型 SAD =（COM，CON，MO）的状态 MO 下，删除构件 Com 及其连接信息 Con[ ] =（Type，Cf，Cb）。

输入：SAD =（COM，CON，MO），Com =（P，T；F；E，A，I，O，C），Con[ ] =（Type，Cf，Cb），CMB

输出："删除成功" or "删除失败"

(1) Check Com 是否持有托肯

(2) If 有，输出 "删除失败"，算法结束

(3) 驱动 Com 及其行为相关的构件集合进入静止管理态

(4) Foreach Conn in Con[ ]

（4.1） Call 算法 7-5

（5） Delete Com in COM

（6） Delete Com in CMB

（7） 驱动与 Com 行为相关的构件集合进入活动管理态

（8） 输出"删除成功"，算法结束

算法首先判断待删除构件是否持有托肯，然后求出其行为相关的构件集合，并驱动进入静止态；之后先依次删除其连接件，然后删除构件，并在 CMB 中删除该构件的相关信息，最后驱动与之行为相关的构件集合恢复为活动态。

七、小结

本章在回顾管程概念的基础上，首先给出行为管程的概念，并阐述行为管程在动态演化实施中所处的位置。在此基础上，分别详细讨论了行为管程的管理、监控和演化三个方面的职能：在管理职能方面，从托肯管理、库所管理和变迁管理三个方面进行阐述；在监控职能方面，先讨论构件管理态的监视，然后讨论托肯目标可达性的监视，最后再讨论对库所和变迁互斥的控制；演化职能方面，首先对如何驱动构件进入静止态和活动态进行讨论，然后给出连接件的添加、删除算法，最后描述了构件的添加和删除算法。

行为管程的提出为动态演化的实施提供了支撑，并为进一步对构件进行相关性分析、状态迁移、一致性保证等问题的深入研究提供了基础条件。

第八章 面向动态演化的构件之间相关性分析

构件之间的相关性分析可以分为结构相关性分析和行为相关性分析。结构相关性分析也称为静态相关性分析，是构件之间的行为相关性分析的基础；行为相关性分析也称动态相关性分析，是目前软件动态演化的基础理论研究面临的一个重要挑战之一。

构件之间的相关性分析作为动态演化的理论基础之一，对实施动态演化起着至关重要的作用。一方面，只有找到与待演化构件相关（尤其是行为相关）的构件集合，才能保证动态演化实施的可靠性；另一方面，与待演化构件行为不相关的构件必须被排除在该构件集合之外，这样有利于控制实施动态演化时的波及范围，有利于降低动态演化实施的代价。

由于软件系统的复杂性和协同性以及运行时的动态性，行为相关性分析往往显得十分困难（王炜，2009；李长云，2005；李玉龙，2008）。目前，对行为相关性的分析方法往往依托某种形式化方法，以形式化工具为依托开展研究。王炜通过自动机和形式语言来识别行为相关的不同类型（王炜，2009），但是，由于自动机本身在交互能力上的不足，使得对相关性的分析显得不够自然和直观；卢萍则以 CSP 为工具进行构件行为建模并分析构件之间的静态和动态依赖关系（卢萍，2011），但是一方面对相关性的分析不够全面，另一方面由于缺乏系统的方法对相关性进行管理导致相关性缠绕，因而使得提出的方法的意义有所降低。

本章对相关性分析的方法源于需求模型中对相关性的管理，基于扩展 Petri 网的软件体系结构的形式化定义，以行为管程为支撑，提出了 3 个层面的相关性分析，且这 3 个层面是层层递进的关系：首先分析构件之间的结构相关性，进一步，结构相关性又分为基本结构相关性和复合结构相关性；然后，在结构相关性分析的基础上，分析封闭系统的构件行为相关性；最后，对开放系统的行为相关性进行分析。其中，对封闭系统和开放系统的相关性分析和管理方法，来源于需求模型中对主动需求的区分，以及在体系结构模型中对主动元素的分类建模。即上游阶段对行为相关性的管理为本章的工作奠定了基础。

第一节 相关性分析分类

本书对面向动态演化的构件相关性分析的分类和分析思路如图 8-1 所示。

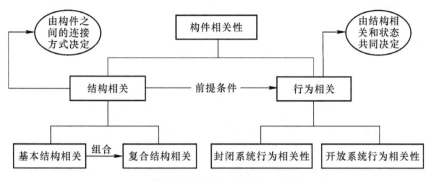

图 8-1　构件相关性分析的分类和分析思路

由图 8-1 可见，本书对构件相关性的分类总体上分为两类：结构相关性和行为相关性。其中，结构相关性是一种静态的相关性，由构件之间的连接方式决定；行为相关性是一种动态的相关性，由结构相关性和软件系统所处的状态共同决定。结构相关性是行为相关性的前提条件，展示了构件之间具有相关的能力；行为相关性是具有相关的能力的构件在特定状态下表现出的一种行为上相互制约和影响的相关。进一步，结构相关性包括基本结构相关性和复合结构相关性，其中复合结构相关性由基本结构相关性组合而成；行为相关性则以结构相关性为基础，分为封闭系统的行为相关性和开放系统的行为相关性两个层次。由于行为相关性不仅与结构相关，还与所处的状态相关，因此行为相关性在某些结构与状态下呈现出传递性，在另一些结构和状态下不具有传递性，所以本书对行为相关性的部分传递性进行了讨论。

第二节　构件之间的结构相关性分析

由于构件之间通过连接件进行交互，因此，连接件成为构件之间关联的唯一纽带。即从静态结构的角度，构件之间的相关性是由构件之间的连接件引起和决定的。所以，分析构件之间的结构相关性，需要分析不同连接件类型对构件的相关性所起的作用。其中，每种连接件类型及其连接方式决定了构件之间的一种基本结构相关性。进一步多个基本结构的组合又构成了更加复杂的构件之间的结构相关性。

一、基本结构相关性

构件之间的连接方式即连接件的基本类型有 4 种，在前文已有详细阐述。在 4 种基本的连接件类型中，变迁融合连接件的两端都是变迁（对应的变迁即前文定义的端口）。其他 3 种基本的连接件类型，需要分别考虑其源和槽的类型。所谓类型，包括两个方面：其一，是库所还是变迁；其二，是输入接口还是输出接口。

接下来，按照以上思路，分别考虑几种最基本的结构相关类型。

（一）一致相关

首先考虑最简单的变迁融合连接件类型，变迁融合连接件要求 2 个构件参与融合的 2 个端口之间同步执行，是一种紧耦合的相关。即其中一个构件进入静止态，另一个构件对应的端口必然无法正常执行，因此，本书将之称为一致相关。

定义 8-1（一致相关）　两个构件 A 和 B,若它们之间存在用类型为 C_T（即变迁融合）的连接子建立的连接关系，则称构件 A 和 B 之间存在一致相关，记为 $(A, B) \in$ Consistency。

由一致相关的定义，易知一致相关是一种对称关系。

性质 8-1（一致相关的对称性）　两个构件 A 和 B,若满足 $(A, B) \in$ Consistency，则必定满足 $(B, A) \in$ Consistency。

证明：由定义直接可得。

一致相关由于其定义简单，因此寻找一致相关关系的算法也相对比较简单。

算法 8-1（一致相关分析算法）　在静态软件体系结构模型 SA =（COM，CON）中，寻找一致相关的构件对集合。

输入：SA =（COM，CON）

输出：Consistency

（1）初始化 Consistency = ∅

（2）Foreach Con ∈ CON

　　（2.1）If Con. type = = CT

　　（2.2）Consistency = Consistency ∪（Con. Cf, Con. Cb）

（3）输出集合 Consistency

算法 8-1 只需对连接件集合进行一次循环判断即可。

一致相关是一种紧耦合的相关，且这种紧耦合是双向的（由于其对称性）。即其中的一个构件被驱动进入静止状态、需要被演化，甚至是被替换或删除的时候，必然会影响到另一个构件的正常执行。

（二）控制相关

接下来，考虑另一种紧耦合的相关——控制相关。与一致相关的双向性不同，控制相关是一种单向的相关。

定义 8-2（控制相关）　控制相关是指一个构件 B 要开始执行或者结束执行,受到另一个构件 A 的控制。即若构件 A 没有执行，则构件 B 无法开始执行或无法结束执行，记为 $(A, B) \in$ Control；其中构件 A 称为控制构件，构件 B

称为受控构件。

控制相关刚好与一类连接子对应——正向弧添加连接子。由于正向弧添加连接子的槽是一个变迁，该变迁属于受控构件，该变迁要执行的前提条件是连接子的源库所（属于控制构件）中有托肯，因此，若槽是受控构件的输入接口，则控制构件控制其开始；若槽是受控构件的输出接口，则控制构件控制其结束。

定理 8-1　两个构件 A 和 B，若它们之间存在用类型为 C_{PT}（即正向弧添加）的连接子建立的连接关系，且满足构件 A 包含连接件的源，构件 B 包含连接件的槽，则必定满足 $(A, B) \in$ Control。

证明：由于 B 包含连接件的槽，因此有两种情况：

（1）若连接件的槽是构件 B 的输入接口 $B.I$，则该变迁的执行，受到连接件的源（属于 A）的控制，即 B 的开始执行受到 A 的控制，因此满足 $(A, B) \in$ Control；

（2）若连接件的槽是构件 B 的输出接口 $B.O$，则该变迁的执行，受到连接件的源（属于 A）的控制，即 B 的结束执行受到 A 的控制，因此满足 $(A, B) \in$ Control。

综上，必定满足 $(A, B) \in$ Control，证毕。

控制相关作为一种单向的耦合关系，并不具有对称性。但是，在不考虑主动库所的因素下（即将相关构件的主动库所设置为静止态），且没有其他的相关性作用的情况下，控制相关具有传递性，本书称之为控制相关的受限传递性。

性质 8-2（控制相关的受限传递性）　三个构件 A、B、C，若满足 $(A, B) \in$ Control 和 $(B, C) \in$ Control，则在将相关构件的主动库所设置为静止态，以及没有其他的相关性作用的情况下，将满足 $(A, C) \in$ Control。

证明：（1）考虑 $(A, B) \in$ Control，B 的执行受 A 的控制；（2）考虑 $(B, C) \in$ Control，C 的执行受 B 的控制；（3）在没有主动库所和其他相关性的作用下，B 中任意一个库所要包含托肯完全受 A 的控制，因此若 A 不执行则 C 必定无法结束执行（无法开始执行也必定无法结束执行），因此满足 $(A, C) \in$ Control，证毕。

与一致相关类似，接下来给出寻找控制相关关系的算法。

算法 8-2（控制相关分析算法）　在静态软件体系结构模型 SA = (COM, CON) 中，寻找控制相关的构件对集合。

输入：SA = (COM, CON)

输出：Control

（1）初始化 Control = $\varnothing$

（2）Foreach Con $\in$ CON

　　（2.1）If Con. type = = CPT 且 Con. Cf 和 Con. Cb 不属于同一个构件

　　（2.2）Control = Control $\cup$ (Con. C_f, Con. C_b)

（3）构建 Control 对应的关系矩阵 C

（4）选择不包含有主动库所的构件对应的行和列，构成其子矩阵 Csub

（5）求其子矩阵的传递闭包 C^+sub

（6）根据 C^+sub 更新集合 Control，增加对应的元素

（7）输出集合 Control。

但需要说明的是，由于控制相关具有受限传递性，因此，最先求出的只是其基本的控制相关，然后在此基础上，通过受限传递性，求其不包含主动库所对应的构件的传递闭包，把由于受限传递引起的控制相关也包含在内。

对于控制相关，控制构件的执行是受控构件开始执行或者结束执行的必要条件，而非充分条件。

（三）触发相关

与控制相关相对应，还有一类相关，称为触发相关。触发相关涉及的主动方称为触发构件，被动方称为被触发构件。

对于触发相关，触发构件的执行结束是被触发开始执行的充分条件，但不是必要条件。因为，被触发构件可以同时拥有多个触发构件，即可能被多个构件触发执行。而只要其中一个构件去触发它，它就可以开始执行。

定义 8-3（触发相关）　触发相关是指一个构件 A 的执行结束，必然导致另一个构件 B 具有开始执行的能力，记为 $(A，B) \in Trigger$；其中构件 A 称为触发构件，构件 B 称为被触发构件。

触发相关不具有对称性，但在满足一定条件下具有传递性：若中间构件的输入接口不与其他构件（指构成触发相关的构件集合之外的构件）之间存在库所融合连接子，则触发相关满足传递性，称之为触发相关的受限传递性。

性质 8-3（触发相关的受限传递性）　触发相关满足受限传递性。

证明：假设 $(A，B) \in Trigger$ 和 $(B，C) \in Trigger$，由于构件 A 的执行结束，必然导致另一个构件 B 具有开始执行的能力；由于 B 是中间构件，因此不存在与 A 和 C 之外其他构件之间的库所融合，所以 B 必然会执行结束；同时，构件 B 的执行结束，必然导致另一个构件 C 具有开始执行的能力；可见，构件 A 的执行结束，必然导致构件 C 具有开始执行的能力，即满足 $(A，C) \in Trigger$。证毕。

触发相关与两类连接子密切相关：第一类，逆向弧添加连接子，但并非所有的逆向弧添加连接子都满足触发相关，而要求连接子的槽是被触发构件的输入接口；第二类，库所融合连接子，类似地，也并非所有的库所融合连接子都满足触发相关，而要求该连接子的两端满足：一个是输入接口，另一个是输出接口。

接下来给出寻找触发相关关系的算法。

算法 8-3（触发相关分析算法）　在静态软件体系结构模型 SA =（COM，CON）中，寻找触发相关的构件对集合。

输入：SA = (COM, CON)

输出：Trigger

(1) 初始化 Trigger = ∅

(2) Foreach Con ∈ CON

　(2.1) If Con. type = = CTP 且 Con. Cf 和 Con. Cb 不属于同一个构件

　　(2.1.1) If Con. Cb 是构件的输入接口

　　(2.1.2) Trigger = Trigger ∪ (Con. Cf, Con. Cb)

　(2.2) If Con. type = = CP 且 Con. Cf 和 Con. Cb 不属于同一个构件

　　(2.2.1) If Con. Cb 和 Con. Cf 不都是构件的输入接口，也不都是输出接口

　　(2.2.2) Trigger = Trigger ∪ (Con. Cf, Con. Cb)

(3) 输出集合 Trigger

由算法 8-3 可知，触发相关只是逆向弧添加和库所融合连接子关系的子集，因此，还有其他与这两类连接子相关的结构相关关系存在。

(四) 冗余相关

若一个构件（假设为构件 A）的输出接口是库所，且该库所可以完全通过其他构件的执行，来实现该库所中托肯的增加，则构件 A 的功能也可以由其他构件实现。这种情况下，称构件 A 为一个冗余构件。

冗余构件的存在，并不一定都是坏事。在某些情况下，冗余构件的存在，对于提高系统的可靠性和演化性具有积极的影响，即不应当一味地排斥冗余构件。冗余构件可以通过冗余相关来判断。

定义 8-4 (冗余相关)　冗余相关是指一个构件 A 的输出接口是库所，且存在其他构件（假设为 B）的执行，在连接件的作用下，可以往 A 的输出接口中添加托肯，记为 (A, B) ∈ Redundance；其中构件 A 称为冗余构件，构件 B 称为包含构件。

冗余相关与两类连接子密切相关：第一类，逆向弧添加连接子，但并非所有的逆向弧添加连接子都满足冗余相关，而要求连接子的槽是冗余构件的输出接口；第二类，库所融合连接子，也并非所有的库所融合连接子都满足冗余相关，而要求该连接子的两端都是构件的输出接口。

接下来给出寻找冗余相关关系的算法。

算法 8-4 (冗余相关分析算法)　在静态软件体系结构模型 SA = (COM, CON) 中，寻找触发相关的构件对集合。

输入：SA = (COM, CON)

输出：Redundance

(1) 初始化 Redundance = ∅

(2) Foreach Con ∈ CON

　(2.1) If Con. type = = CTP 且 Con. Cf 和 Con. Cb 不属于同一个构件

(2.1.1) If Con. Cb 是构件的输出接口

(2.1.2) Redundance＝Redundance ∪（Con. Cf，Con. Cb）

（2.2）If Con. type＝＝CP 且 Con. Cf 和 Con. Cb 不属于同一个构件

(2.2.1) If Con. Cb 和 Con. Cf 都是构件的输出接口

(2.2.2) Redundance＝Redundance ∪（Con. Cf，Con. Cb）

（3）输出集合 Trigger

对冗余相关性分析算法稍做扩展就可以作为寻找冗余构件的方法。

（五）竞争相关

两个不同构件之间通过连接件的相关关系，除了前文所述的 4 类之外，只剩下一种：两个构件的输入接口都是库所的情况下的库所融合。

库所融合连接子在两个构件的输入端的连接，将导致两个构件对融合库所中的托肯的竞争关系。

定义 8-5（竞争相关）　竞争相关是指两个不同构件 A 和 B 的输入接口都是库所,且存在库所融合连接子在两个输入接口建立连接关系，记为 $(A, B) \in$ *Competition*。

性质 8-4（竞争相关的对称性和传递性）　竞争关系满足对称性和传递性。

证明：（1）先证对称性。由于库所融合连接子的对称性，且连接的双方都是构件的输入接口，因此，竞争关系满足对称性。

（2）再证传递性。假设 $(A, B) \in$ *Competition* 和 $(B, C) \in$ *Competition*，由于构件的输入接口是唯一的，因此构件 A 和 C 之间也存在库所融合关系，即满足 $(A, C) \in$ *Competition*。证毕。

接下来给出寻找竞争相关关系的算法。

算法 8-5（竞争相关分析算法）　在静态软件体系结构模型 SA＝（COM，CON）中，寻找竞争相关的构件对集合。

输入：SA＝（COM，CON）

输出：Competition

（1）初始化 Competition＝∅

（2）Foreach Con ∈ CON

（2.1）If Con. type＝＝CP 且 Con. Cf 和 Con. Cb 不属于同一个构件

(2.1.1) Con. Cf 和 Con. Cb 分别对应不同构件的输入接口

(2.1.2) Competition＝Competition ∪（Con. Cf，Con. Cb）

（3）构建 Competition 对应的关系矩阵 C

（4）求矩阵 C 的传递闭包 C^+

（5）根据 C^+ 更新集合 Competition，增加对应的元素

（6）输出集合 Competition

至此，分析完成所有的涉及两个不同构件之间的单个连接关系所引起的构件

相关关系。

（六）自反相关

虽然前文分析了所有的涉及两个不同构件之间的基本结构相关关系，但还有一类特殊的构件相关关系：一个构件的输入接口和输出接口直接通过连接子建立的连接关系。这类关系的建立一般用于描述循环构件，本书称之为自反相关。

定义 8-6（自反相关）　自反相关是指一个构件 A 输入接口和输出接口之间存在一个连接子，在输入接口和输出接口之间建立连接关系，记为 $A \in Self$。

自反关系的分析算法如下。

算法 8-6（自反相关分析算法）　在静态软件体系结构模型 SA =（COM，CON）中，寻找自反相关的构件集合。

输入：SA =（COM，CON）

输出：Self

（1）初始化 Self = $\varnothing$

（2）Foreach Con $\in$ CON

　　（2.1）If Con. type $\neq$ CT

　　　　（2.1.1）If Con. Cf 和 Con. Cb 对应的输入接口和输出接口属于同一构件 Com

　　　　（2.1.2）Self = Self $\cup$ Com

（3）输出集合 Self

与前面几种基本结构相关性不同，自反相关描述的是一个构件的输入接口和输出接口之间的连接关系。因此，自反相关只需记录存在这种关系的构件，而不像其他的基本结构相关性，需要描述相关性双方的构件及其接口（或端口）。

综上，以上 6 种相关关系构成了构件的基本结构相关性，它们的共同点在于：分析相关性的时候只考虑一个连接件的作用。

二、复合结构相关性

基本结构相关性只考虑一个连接件的作用，当有多个连接件共同作用于一组构件的时候，这组构件之间的相关性是多种基本结构相关性的组合，本书称之为复合结构相关性。

基本结构相关性由于只考虑单个连接件的作用，而连接件的类型及其连接方式是很有限的，因此，可以逐个分析各种基本结构相关性；反之，对于复杂结构相关性，由于是多个基本结构相关性的组合，且组合的数量也是可以变化，因此，无法对复合结构相关性进行穷举。因此，本书只选取了几种典型和常见的复合结构相关性分析。

（一）交互相关

由于前文只分析了单个连接件的相关性，因此无法描述两个构件之间的相互消息传递。而相互消息传递是一种常见的构件之间的协作方式，本书称之为交互相关，接下来给出其定义。

定义 8-7（交互相关）　对两个构件 A 和 B,若 A 的输入接口和 B 的输出接口之间存在连接件的连接关系，同时 B 的输入接口和 A 的输出接口之间也存在连接件的连接关系，则称两个构件之间满足交互相关。

交互相关刻画了两个构件之间存在的消息传递关系，交互相关的双方协作完成比单个构件所能完成的更复杂的任务。交互相关的一个例子如图 8-2 所示。

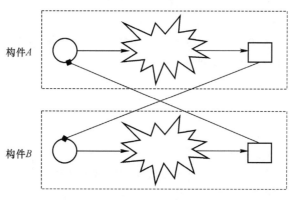

图 8-2　交互相关

在图 8-2 中，构件 A 的输出接口和构件 B 的输出接口之间存在一个逆向弧添加连接子，构件 B 的输出接口和构件 A 的输出接口之间也存在一个逆向弧添加连接子。这样，构件 A 可以向构件 B 传递托肯，反之，构件 B 也可以向构件 A 传递托肯，两个构件构成了交互的关系。当然，图 8-2 给出的只是交互相关的一个例子，交互相关也可以通过正向弧添加和库所融合等连接子组合实现，只要求组合和连接的方式满足交互相关的定义即可。

（二）同步相关

接下来，描述另一种复合结构相关性：同步相关。如果一个构件的一个接口同时受多个构件控制，则多个控制构件需要在该接口处同步。

定义 8-8（同步相关）　对于构件 A,若 A 的一个接口（可以是输入接口也可以是输出接口）存在多个以该接口为槽的正向弧添加连接子，则称多个连接子的源对应的构件在该接口处同步相关，同时 A 的该接口称为同步点。

同步相关刻画了多个构件之间必需同步的关系，多个构件在执行到同步点之前必须要互相等待。同步相关的一个例子如图 8-3 所示。

在图 8-3 中，构件 A 和构件 C 之间存在控制相关关系，构件 B 和构件 C 之间也存在控制相关关系，两个控制相关关系的组合导致了构件 A 和构件 B 必须在

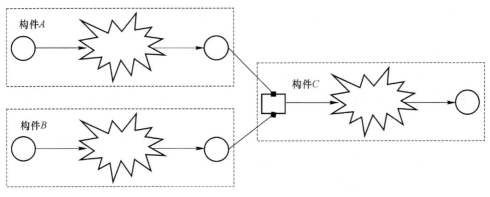

图 8-3　同步相关

同步点（构件 C 的输入接口）相互等待和同步。

同步相关与一致相关相比，第一，其同步的颗粒度更大，一致相关仅是构件内部两个端口之间的同步和一致；第二，其结构更复杂，同步相关是多个连接子共同作用的结果；第三，其影响范围更大，同步相关至少需要 3 个构件的参与。

（三）并发相关

随着软件系统规模不断扩大，并发性在软件系统中越来越普遍，也显得越来越重要。通过多个连接件的共同作用，可以较为简洁的方式描述和表达软件系统中的并发相关。

定义 8-9（并发相关）　存在两个逆向弧添加连接子 Con_1 和 Con_2，它们的源相同（假设属于构件 A），它们的槽分别对应两个不同的构件 B 和 C 的输入接口，则称构件 B 和 C 由于构件 A 而并发相关。

并发相关刻画了由同一因素触发的多个不同构件的独立执行，并发相关的一个例子如图 8-4 所示。

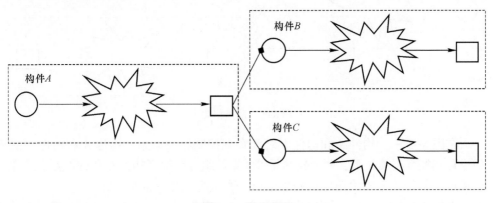

图 8-4　并发相关

在图 8-4 中，构件 A 和构件 B 之间存在触发相关关系，构件 A 和构件 C 之间也存在触发相关关系，两个触发相关关系的组合导致了构件 B 和构件 C 由于构件 A 而并发相关。

需要注意的是，本书的"并发相关"与"并发"并不是同一个概念。并发是指两者之间没有因果关系，而本书的并发相关是一种"相关关系"，是在同一个因素触发下，导致的多个不同构件之间的并发。即本书的"并发相关"的各方有一个共同的触发因素。因此，本书的"并发相关"只是"并发关系"的一个子集，即存在并发关系的两个构件之间不一定是并发相关的，但并发相关的两个构件之间一定是可以并发的。

（四）选择相关

选择相关与同步相关都是通过多个正向弧添加连接子的组合作用产生的相关性，但它们之间的组合方式不同：同步相关是多个源在同一个槽汇聚，而选择相关却相反，是由同一个源向多个槽发散。

定义 8-10（选择相关）　对于构件 A，若 A 的一个接口（可以是输入接口也可以是输出接口）存在多个以该接口为源的正向弧添加连接子，则称多个连接子的槽对应的构件满足选择相关，同时 A 的该接口称为选择点。

选择相关刻画了这样一种相关：在选择点每产生一个托肯，该托肯在选择相关的几个构件中选择其中之一，控制被选中的构件执行，未被选中的构件则不受影响。选择相关的一个例子如图 8-5 所示。

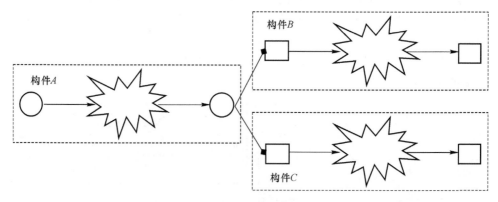

图 8-5　选择相关

在图 8-5 中，构件 A 和构件 B 之间存在控制相关关系，构件 A 和构件 C 之间也存在控制相关关系，两个控制相关关系的组合导致了构件 B 和构件 C 必须在选择点（构件 A 的输出接口）做出选择，选择其中之一加以控制。

选择相关与竞争相关的不同在于：第一，竞争相关一旦竞争成功，即可开始执行，而选择相关即使被选中，也可能还需要其他条件同时得到满足才能开始执行；第二，竞争相关在两个构件之间进行，而选择相关则在两个选择构件之外进行选择；第三，选择相关选择点所在的构件与参与选择的构件之间存在上下游的流程关系，而这一点是竞争相关本身无法描述的。

第三节　构件之间的行为关系及其相关性分析

从静态的角度，构件之间存在结构上的相关性；从动态的角度，构件之间存在行为上的相关性。静态相关性和动态相关性从两个不同的角度刻画了软件系统各个部件之间作为一个整体相辅相成的关系。一般说来，结构相关性更加稳定和持久，因它仅由构件和连接件的结构决定；而行为相关性则更加动态和易变，因它不仅与结构相关，还与系统所处的状态紧密关联。更进一步说，行为相关以结构相关为基础，又不由结构相关所决定。即行为相关的两个（或多个）构件之间，必定存在结构相关；而结构相关的构件之间，在某些状态下，不一定是行为相关的。可见，行为相关受两个因素影响：（1）结构相关；（2）系统的状态。

接下来，首先分析结构相关性对行为相关性的作用。由于复合结构相关性是由基本结构相关性组合而成，因此本书只对基本结构相关性对行为相关性的作用进行分析。

一、结构相关性对行为相关性的作用

之所以需要分析构件之间的行为相关性，是因为在对一个构件实施动态演化时，需要驱动该构件进入静止状态，这会影响到与之行为相关的其他构件。一方面，需要找出与之相关的构件，并采取相应措施（比如驱动行为相关构件的一部分进入静止状态），以保证动态演化实施的可靠性；另一方面，要尽量把缩小行为相关的构件集合，即行为不相关的构件不应被包含在内，以降低动态演化实施的效率。接下来，通过考虑驱动一个构件进入静止态，并分析对相关构件的影响，来分析结构相关性对行为相关性的作用。

（一）一致相关

两个构件在结构上存在一致相关，则它们之间至少存在一个变迁融合连接子把两者连接起来。为了使模型简单，假设两个构件之间只存在一个变迁融合连接子。若存在多个，只需多次进行分析即可。

一致相关的两个构件 A 和 B，若其中一个构件 A 被驱动进入静止态，则构件 B 中与 A 相连的端口（假设为端口变迁 x）在 A 处于静止态时也无法执行。此时，有两种情况：（1）构件 B 中没有托肯需要在 A 处于静止态时执行变迁 x，此时，虽然 B 和 A 是结构上一致相关，但在行为上并不相关；（2）构件 B 中存在至少一个托肯需要在 A 处于静止态时执行变迁 x，此时，构件 A 和 B 不仅在结构上一致相关，在行为上也是相关的，且这种行为相关的结果造成 B 中的部分托肯暂时无法执行，直到 A 恢复为活动态以后。

定义 8-11（一致相关延迟）　对于动态软件体系结构 $SA_D = (COM, CON, M)$ 和一致相关关系 $(A, B) \in$ Consistency，其中 A 的端口为 x，B 的端口为 y，在驱动 A 进入静止态的情况下，若 B 中存在一个托肯 k，该托肯从所处库所 pos 到目标库所 goal 之间的每一条路径都包含端口变迁 y，则托肯 k 将在变迁 y 处延迟，称在状态 M 下，构件 B 因构件 A 而导致一致相关延迟，记为 $(A, B) \in$ Consistency$_D$，下标 D 表示是动态行为下的一致相关。

一致相关延迟是一致相关在某些状态下表现出来的一种行为相关性，接下来给出其判定算法。

算法 8-7（一致相关延迟判定算法）　在动态软件体系结构模型 SAD = (COM, CON, M) 中，满足 $(A, B) \in$ Consistency，其中 A 的端口为 x，B 的端口为 y，若驱动 A 进入静止态，判断在 M 状态下，$(A, B) \in$ ConsistencyD，即"B 因 A 而一致相关延迟"是否成立。

输入：SAD = (COM, CON, M)，A，B，x，y

输出：$(A, B) \in$ ConsistencyD 或 $(A, B) \notin$ ConsistencyD

（1）初始化 ConsistencyD = $\varnothing$

（2）初始化 T = $\varnothing$；//Q 用于存储延迟的托肯

（3）Foreach k in B

　　（3.1）If kid. goal $\notin$ B

　　　　（3.1.1）Set kid. goal' = B. O

　　（3.2）Else kid. goal' = kid. goal

　　（3.3）用 s 记录从当前库所到目标库所的所有路径集

　　（3.4）Foreach s 满足（s. head = kid. pos）&&（s. head = kid. goal）

　　　　（3.4.1）If y $\notin$ s，break

　　　　（3.4.2）Add k into T

（4）If T = $\varnothing$ 输出"$(A, B) \notin$ ConsistencyD"；结束

　　（4.1）Else Add (A, B) into ConsistencyD

（5）输出"$(A, B) \in$ ConsistencyD"；结束

算法中需要求出托肯从当前库所到目标库所的所有路径集，若目标库所不在构件 B 中，则路径的复杂程度将大大提高。考虑到目标库所不在 B 中的情形都满足：从当前库所到目标库所都必须经过构件 B 的输出接口 O，且不在构件 B 中的那部分路径与一致相关延迟没有直接关联，因此引入 goal'（为了不影响 goal），把目标库所在 B 之外的目标都设定为构件 B 的输出接口，经过这一处理，求从当前库所到目标库所的路径的方法将局限于构件内部，因此大大简化了问题。

（二）控制相关

控制相关的双方，一方为控制构件，另一方为受控构件。

若控制构件被驱动进入静止状态，将导致受控构件的输入接口或输出接口之一因无法执行而失效，即若引起控制相关的正向弧添加连接子的槽是受控构件的输入接口，且控制构件内部存在托肯，则受控构件将因输入接口失效而"只出不入"；反之，若引起控制相关的正向弧添加连接子的槽是受控构件的输出接口，且受控构件内部存在托肯，则受控构件将因输出接口失效而"只入不出"。

定义 8-12（控制相关延迟）　对于动态软件体系结构 $SA_D = (COM, CON, M)$ 和控制相关关系 $(A, B) \in Control$，在驱动 A 进入静止态的情况下，若存在托肯无法通过 B 中失效的接口而产生延迟，则称在状态 M 下，构件 B 因构件 A 而导致控制相关延迟，记为 $(A, B) \in Control_D$，下标 D 表示是动态行为下的相关。

与一致相关延迟类似，控制相关延迟是控制相关在某些状态下表现出来的一种行为相关性，接下来给出其判定算法。

算法 8-8（控制相关延迟判定算法）　在动态软件体系结构模型 SAD = (COM, CON, M) 中，满足 (A, B) ∈ Control，若驱动 A 进入静止态，判断在 M 状态下，(A, B) ∈ ControlD，即"B 因 A 而控制相关延迟"是否成立。

输入：SAD = (COM, CON, M)，A，B

输出：(A, B) ∈ ControlD 或 (A, B) ∉ ControlD

（1）初始化 ControlD = ∅

（2）判断 ConAB 的类型

（3）Switch（ConAB 的槽对应的接口）

　　（3.1）Case（输入接口）

　　　（3.1.1）If A 中存在托肯

　　　（3.1.2）Add（A, B）into ControlD

　　　（3.1.3）break

　　（3.2）Case（输出接口）

　　　（3.2.1）If B 中存在托肯

　　　（3.2.2）Add（A, B）into ControlD

　　　（3.2.3）break

（4）If ControlD = ∅ 输出"(A, B) ∉ ConsistencyD"；结束

（5）Else 输出"(A, B) ∈ ConsistencyD"；结束

对于控制相关，考虑另一种情况，若受控构件被驱动进入静止态，由于控制相关是单向的，因此，不会对控制构件造成行为上的制约。

（三）触发相关

触发相关的双方，一方为触发构件，另一方为被触发构件。

若触发构件被驱动进入静止态，对于被触发构件有两种情况：（1）被触发构件还可以被其他构件触发，则不会对被触发构件的行为产生制约；（2）被触发构件无法被其他构件触发，且触发构件中存在托肯，则被触发构件将因触发构件的静止而导致无法被触发的行为制约。

定义 8-13（触发相关延迟）　对于动态软件体系结构 $SA_D = (COM, CON, M)$ 和触发相关关系 $(A, B) \in Trigger$，在驱动 A 进入静止态的情况下，若不存在其他的构件 C，满足 $(C, B) \in Trigger$，同时，A 中存在托肯，则称在状态 M 下，构件 B 因构件 A 而导致触发相关延迟，记为 $(A, B) \in Trigger_D$，下标 D 表示是动态行为下的相关。

类似地，触发相关延迟是触发相关在某些状态下表现出来的一种行为相关性，接下来给出其判定算法。

算法 8-9（触发相关延迟判定算法）　在动态软件体系结构模型 SAD = (COM, CON, M) 中，满足 $(A, B) \in Trigger$，若驱动 A 进入静止态，判断在 M 状态下，$(A, B) \in TriggerD$，即"B 因 A 而触发相关延迟"是否成立。

输入：SAD = (COM, CON, M)，A, B

输出：$(A, B) \in TriggerD$ 或 $(A, B) \notin TriggerD$

（1）初始化 TriggerD = $\varnothing$

（2）Call 算法 8-3；//求静态触发相关集合

（3）If exist C，满足 $(C, B) \in Trigger$

　　（3.1）输出 $(A, B) \notin TriggerD$;结束

（4）If A 中存在托肯

　　（4.1）Add (A, B) into TriggerD

（5）If TriggerD = $\varnothing$ 输出 "$(A, B) \notin TriggerD$"；结束

（6）Else 输出 "$(A, B) \in TriggerD$"；结束

与控制相关类似，对于触发相关的另一种情况，即若被触发构件被驱动进入静止态，由于触发相关是单向的，因此，不会对触发构件造成行为上的制约。

（四）冗余相关和竞争相关

之所以把冗余相关和竞争相关对行为相关性的作用放在一起讨论，是因为这两类基本的结构相关都不会对行为相关造成直接的作用。

首先，考虑冗余相关。冗余相关的双方，一方为冗余构件，另一方为包含构件。若冗余构件被驱动进入静止状态，只需把冗余构件的输出接口重定向到行为管程的缓冲池中，而不会对包含构件产生影响；反之，若包含构件被驱动进入静止态，冗余构件也可以按其运行规则运行而不会受到影响。

其次，考虑竞争相关。由于竞争双方的输入接口通过库所融合连接子连接，因此，无论竞争双方的哪一方构件被驱动进入静止态，都不会对另一方产生

影响。

可见，结构上的冗余关系和竞争关系都不会对动态的行为相关造成影响。

（五）自反相关

自反相关作为一种特殊的结构相关，是构件与它本身之间的结构满足一定的关系。因此，自反相关必然导致行为相关。一个构件被驱动进入静止态，其内部的行为必然暂时停止，可见自反相关造成的行为相关是一种平凡的行为相关，因此，没有进一步予以讨论的必要性。

二、行为相关性的部分传递性处理

对构件进行行为相关性分析的时候，一个最为棘手的问题是对传递性的处理。之所以该问题很棘手，是因为构件之间的行为相关性，既不能完全忽略传递性，也无法完全满足传递性。若忽略了传递性，则得到的行为相关的构件集合将是不完备的；若完全按照传递性来处理，则得到的构件集合将包含一些行为不相关的构件，从而使得动态演化实施的代价过大。

本书对这种受限的部分传递性，采取两个步骤进行处理：第一，按完全的传递性进行处理，求出行为相关的传递闭包；第二，依次处理传递闭包中的各对相关关系，判断它们之间是否确实是行为相关的。

（一）行为相关的传递闭包

经过上一节的分析可知，基本结构相关之中的一致相关、控制相关和触发相关将有可能转化为行为相关。由于这三类相关的连接方式各不相同，因此，需要分别对三类相关进行讨论。它们求传递闭包的方式也十分类似，因此，本书以一致相关为例，对其传递闭包的求解进行阐述。

定义8-14（一致相关矩阵） 对于软件体系结构模型 $SA = (COM, CON)$，各个构件之间的一致相关关系可以用一致相关矩阵 $C_{\text{Consistency}}$ 表示：$C_{\text{Consistency}} = (c_{ij})_{n \times n}$，其中 c_{ij} 表示软件体系结构 SA 中的第 i 个构件 Com_i 与第 j 个构件件 Com_j 之间的一致相关关系（$i=1, 2, \cdots, n$；$j=1, 2, \cdots, n$）；且有：

$$C_{ij} = \begin{cases} 1, & \text{当 } Com_i \text{ 与 } Com_j \text{ 之间存在一致相关的关系} \\ 0, & \text{当 } Com_i \text{ 与 } Com_j \text{ 之间不存在一致相关关系} \end{cases}$$

一致相关矩阵为描述构件之间的一致相关关系提供了一种数学方法，其中矩阵的每一行或每一列都是一个行向量或列向量。

在对软件体系结构中各关系矩阵进行转换前有必要先给出两个运算符和：叉和 $\oplus$ 与叉乘 $\otimes$ 的定义。

定义8-15（数的逻辑和） 数的逻辑和用运算符 $\oplus$ 表示：若 $x, y=0$ 或1，则

$x \oplus y$ 的值定义如下：

$$x \oplus y = \begin{cases} 0, & \text{当 } x = y = 0 \\ 1, & \text{其他} \end{cases}$$

定义 8-16（向量的逻辑和）　若 X, Y 分别是 n 维向量 $\langle x_1, x_2, \cdots, x_n \rangle$，$\langle y_1, y_2, \cdots, y_n \rangle$，且 $x_i, y_j = 1$ 或 0（其中 $i, j = 1, 2, \cdots, n$），则向量 $X \oplus Y$ 定义如下：$X \oplus Y = \langle x_1 \oplus y_1, x_2 \oplus y_2, \cdots, x_n \oplus y_n \rangle$。

矩阵的逻辑和运算与向量的逻辑和运算的原理一致，因此省略。

定义 8-17（数的逻辑乘）　数的逻辑乘用运算符 $\otimes$ 表示：若 $x, y = 0$ 或 1，则 $x \otimes y$ 的值定义如下：

$$x \otimes y = \begin{cases} 1, & \text{当 } x = y = 1 \\ 0, & \text{其他} \end{cases}$$

定义 8-18（向量的逻辑乘）　若 X, Y 分别是 n 维向量 $\langle x_1, x_2, \cdots, x_n \rangle$，$\langle y_1, y_2, \cdots, y_n \rangle$，且 $x_i, y_j = 1$ 或 0（$i, j = 1, 2, \cdots, n$），则向量 X 与向量 Y 的转置向量 Y' 的逻辑乘 $X \otimes Y'$ 定义如下：$X \otimes Y' = (x_1 \otimes y_1) \oplus (x_2 \otimes y_2) \oplus \cdots \oplus (x_n \otimes y_n)$。

当两个矩阵逻辑乘 $\otimes$ 时，其中对应的向量的逻辑乘原理与定义 8-18 相一致，因此省略。

对于具有传递性的二元关系（假设为 R），可以通过逻辑乘来求其传递效应，即 $R^2 = R \otimes R$ 是经过一次传递的二元关系，$R^n = R \otimes R \otimes \cdots \otimes R$（即 n 个 R 求 $\otimes$ 乘）是经过 n 次传递的二元关系。因此，要求构件间的一致相关关系的传递闭包，可以对一致相关矩阵 $C_{\text{Consistency}}$ 不断地求逻辑乘，然后对各个逻辑乘的结果求逻辑和，从而可以得到相应体系结构的一致相关关系的传递闭包。

定义 8-19（一致相关矩阵的传递闭包）　对于软件体系结构模型 $SA = (COM,$ $CON)$，$C_{\text{Consistency}}$ 表示其一致相关矩阵，其传递闭包 $C^+ = \bigcup_{i=1}^{n} C^i = C \oplus C^2 \oplus C^3 \oplus \cdots$，其中 n 是软件体系结构中包含的构件的个数。

在求得一致相关矩阵的传递闭包之后，c_{ij} 若为 1，表明 SA 中的第 i 个构件 Com_i 与第 j 个构件 Com_j 之间可能存在因一致相关而导致的行为相关；c_{ij} 若为 0，表明 Com_i 与 Com_j 之间不存在因一致相关而导致的行为相关。

由于通过求传递闭包的方法扩大了行为相关的范围，因此需要对传递闭包中的每组关系（即对应 c_{ij} 为 1 的元素对应的两个构件）分别判断是否行为相关，把其中行为不相关的关系删除。

与直接判断每组构件之间是否行为相关相比，通过求传递闭包的方法使得需要判断的关系的数量大大降低。

（二）一致相关的行为相关传递性判定

对于可能造成行为相关传递的三类基本结构相关之中，一致相关的行为相关传递性判定较为复杂，其他两类的行为传递性只需依照定义判断即可。因此，接下来专门讨论一致相关的行为相关传递性判定。

一致相关是由于构件之间的变迁融合连接子引起的，而变迁融合连接子的两端是构件的端口变迁。考虑到一个构件（假设为构件 A）可能存在多个端口，并分别与其他不同构件（假设有两个，分别为构件 B 和 C）的端口通过变迁融合连接子连接，这时，驱动构件 B 进入静止态是否会影响到构件 C 的行为？这取决于构件 A 中的 2 个端口之间的关系。因此，需要先对中间构件（即构件 A）的端口之间的关系进行分析。

在进行端口之间的关系分析之前，先给出一个假设：待分析的两个端口之间不处于同一个循环 Petri 网的网系统之中。之所以要建立这么一个假设，是因为循环网系统之中的两个变迁的次序关系无法比较。

但是，在实际的系统建模中，循环结构是无法避免的。因此，本书先单独讨论处于循环结构中的两个端口：若中间构件的两个端口处于循环结构之中，那么其中一个端口处于静止态，必将影响到另一个端口。可见，处于循环结构中的两个端口将使得构件之间的一致相关具有传递性。

接下来，考虑不处于循环结构中的同一构件的两个端口之间的行为次序关系。

性质 8-5（端口间的行为偏序关系）　对于一个不包含循环结构的构件 A，其内部的多个端口的行为先后关系构成构件 A 的端口集合 C_A 上的行为偏序关系，记为 $(C_A, \leqslant)$。

证明：对于构件 A 内部的两个端口 a，b，c，$a \in C_A$，$b \in C_A$，$c \in C_A$：（1）反对称性：由于构件不具有循环结构，因此，任何一个托肯的迹不可能同时满足 $a \leqslant b$ 和 $b \leqslant a$；（2）自反性：显然，对于任意 a，$a \leqslant a$ 成立；（3）传递性：若 $a \leqslant b$ 和 $b \leqslant c$ 成立，显然，存在一个托肯的迹使得 $a \leqslant c$ 成立。证毕。

需要说明的是，端口之间的行为构成了偏序关系，但不满足全序关系。在考虑一致相关引起的构件之间的行为相关性时，涉及的是多个构件的端口。因此，还需要进一步考虑多个构件的端口集合中的端口之间的行为次序关系。

由于变迁融合要求连接子的源和槽对应的端口同步执行，因此，在考虑多个端口之间的行为次序的时候，可以把连接子的源和槽对应的端口统一为一个名字进行处理，然后考虑传递性，进而比较处于不同构件中的两个端口之间的行为先后关系。对于处于不同构件内的两个端口 a 和 b，若 $a \leqslant b$，则 a 被驱动进入静止态后，b 的行为将会受到制约；若无法得出 $a \leqslant b$，则 a 被驱动进入静止态后，b 的行为将不会受到制约。一致相关导致的构件端口之间的次序关系如图 8-6 所示。

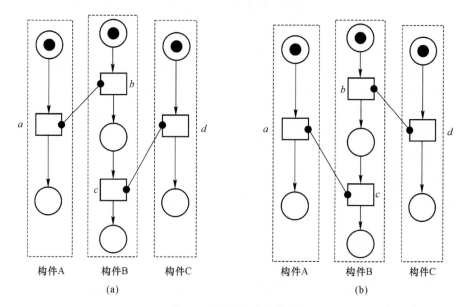

图 8-6　端口的次序关系

如图 8-6 (a) 所示，在构件 B 中，端口关系满足 $b \leqslant c$，而 a 和 b，c 和 d 分别用变迁融合连接子连接，因此，易得 $a \leqslant d$，在这种状态下，若驱动构件 A 进入静止态，则端口 b 也会因此而延迟，进一步，由于端口 b 延迟会造成端口 c 的延迟，进而使得构件 C 的端口 d 受到限制，可见，在 $a \leqslant d$ 的情况下，构件 C 的行为因一致相关的传递性而与构件 A 行为相关；图 8-6 (b) 中，在构件 B 中，端口关系也满足 $b \leqslant c$，而 a 和 c、b 和 d 分别用变迁融合连接子连接，因此，易得 $d \leqslant a$，在这种状态下，若驱动构件 A 进入静止态，则端口 c 也会因此而延迟，然而由于 $b \leqslant c$，因此不会造成端口 b 的延迟，当然也不会影响到端口 d 的行为，可见，在 $d \leqslant a$ 的情况下，构件 C 的行为不会与构件 A 行为相关。

　　还有一种不会造成一致相关的行为传递的情形：中间构件的两个端口之间无法比较大小，如两个端口处于并发的关系，也不会造成行为相关，如图 8-7 所示。

　　在图 8-7 中，由于构件 B 作为中间构件，其两个端口之间处于并发关系，因此两个端口无法比较大小，因而这种情形下，构件 A 和构件 C 之间不会因一致相关的传递而导致行为相关。

　　定义 8-20 (一致相关传递延迟)　对于动态软件体系结构 $SA_D = (COM,$ $CON, M)$，若存在一个端口集合 S，其中有两个端口 (假设为 a 和 b) 之间并没有用变迁融合连接子直接相连，但因存在关系 $a \leqslant b$，造成 a 所在的构件 (假设为 A) 进入静止态后，托肯无法通过端口 b (假设其所在的构件为 B)，而造成

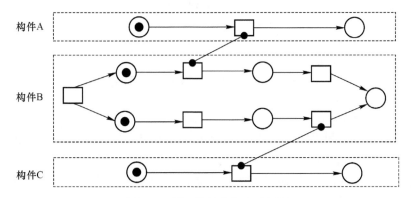

图 8-7　端口的并发与一致相关

延迟，则称在状态 M 下，构件 B 因构件 A 而导致一致相关传递延迟，记为 $(A, B) \in \mathrm{Consistency}_{\mathrm{Tran}}$。

一致相关传递延迟是一致相关的部分传递性在某些状态下表现出来的一种行为相关性，接下来给出其判定算法。

算法 8-10（一致相关传递延迟判定算法）　在动态软件体系结构模型 SAD＝ (COM, CON, M) 中，a、b 是构件的端口且满足 a∈A，b∈B，若驱动 A 进入静止态，判断在 M 状态下，（A, B）∈ConsistencyTran，即 "B 因 A 而一致相关传递延迟" 是否成立。

输入：SAD＝(COM, CON, M)，A, B, a, b

输出：（A, B）∈ConsistencyTran 或 （A, B）∉ConsistencyTran

（1）初始化 ConsistencyTran＝∅

（2）生成软件体系结构的一致相关矩阵 C

（3）If C 中 A 对应的行和 B 对应的列的交点元素为 1

　（3.1）输出 "A 和 B 结构一致相关，因此（A, B）∉ConsistencyTran"，结束

（4）Else 求一致相关矩阵的传递闭包 C⁺

（5）If C⁺ 中 A 对应的行和 B 对应的列的交点元素为 0

　（5.1）输出 "A 和 B 一致相关传递不可达，因此（A, B）∉ConsistencyTran"，结束

（6）判断 a 和 b 的次序关系

　（6.1）If a≤b

　　（6.1.1）转到步骤（7）

　（6.2）Else 输出 "A 和 B 不存在次序制约，因此（A, B）∉ConsistencyTran"，结束

（7）初始化 T＝∅；//Q 用于存储延迟的托肯

（8）Foreach k in B

　（8.1）If kid. goal∉B

　　（8.1.1）Set kid. goal′＝B. O

　（8.2）Else kid. goal′＝kid. goal

（8.3）用 s 记录从当前库所到目标库所的所有路径集

（8.4）Foreach s 满足（s. head＝kid. pos）&&（s. head＝kid. goal）

　　（8.4.1）If b ∉ s, break

　　（8.4.2）Add k into T

（9）If T＝∅ 输出"B 中无欲执行 b 的托肯，因此（A，B）∉ ConsistencyTran"；结束

　　（9.1）Else Add（A，B）into ConsistencyTran

（10）输出"（A，B）∈ ConsistencyTran"；结束

该算法的总体思路是：首先，判断两者在结构上是否满足一致传递相关的基本条件，通过其传递闭包来判断；其次，判断端口之间的次序关系，只有满足 $a \leqslant b$ 的次序关系，因传递导致的行为制约才会存在；最后，判断被影响的构件 B 中是否有托肯需要经过端口 b，若有，就会造成构件 B 的行为延迟。

三、构件行为相关性分析

以上工作为构件的行为相关性分析奠定了基础。之所以进行行为相关性分析，是因为当对一个构件（或构件集合）进行动态演化时，可能导致与其行为相关的其他构件受到影响，即动态演化的影响范围往往大于其实施对象。因此，需要通过行为相关性分析把实施动态演化的影响范围确定下来，以便于保证动态演化实施的可靠性，这个影响范围称为行为相关构件集合。

定义 8-21（行为相关构件集合）　所谓行为相关构件集合，是指由待演化构件集合、与之行为相关的构件集合的并集组成的构件集合。

为了确定行为相关构件集合，需要判断其他构件是否会因待演化构件的静止而导致延迟。除却结构方面的因素，还需考虑两个因素：第一，相关构件内部的托肯；第二，相关构件的主动库所的能力集。其中，构件内部的托肯是构件正在处理的任务的抽象，主动库所的能力集表示构件可能随时要接受的新任务的集合。由于这两个因素的存在，就可能有这样一种状况：仅从构件的内部托肯考虑，该构件与待演化构件是行为不相关的；但考虑构件的主动库所能力集，则该构件与待演化构件是行为相关的。这种情况下让整个构件进入静止态显然代价过高，只需使得相应的主动库所进入静止态即可。正是基于这方面的考虑，本书对行为相关性的分析分为两个层次：封闭系统的行为相关性分析和开放系统的行为相关性分析。

（一）封闭系统的构件行为相关性分析

首先给出封闭系统的定义。

定义 8-22（封闭系统）　所谓封闭系统是指系统内部的构件，在进行行为相关性分析时，暂时将构件所属的主动库所驱动进入静止态，即主动库所暂时不接受系统外部的新任务的软件系统。

在封闭系统的前提下，进行行为相关性分析，将使之复杂程度降低。封闭系统在每次求出结构上的传递相关集合时，需驱动对应构件的主动库所进入静止态。接下来给出封闭系统的构件行为相关性分析算法。

算法 8-11（封闭系统的行为相关性分析算法）　在动态软件体系结构模型 SAD=(COM，CON，M) 中，若驱动构件 A 进入静止态，判断在 M 状态下及封闭系统的前提下，与构件 A 行为相关的构件集合 S。

输入：SAD=(COM，CON，M)，A

输出：封闭系统的行为相关构件集合 S

（1）初始化 S=∅

（2）生成软件体系结构的一致相关矩阵 C1

（3）求一致相关矩阵的传递闭包 C1$^+$

　　（3.1）驱动 C1$^+$中 A 对应的行中的非 0 元素构件中的主动库所进入静止态

（4）Foreach｛C1$^+$中构件 A 对应的行中的非 0 元素｝

　　（4.1）判断构件 B 是否与 A 行为相关 //Call 算法 8-10

　　（4.2）If 行为相关，Add B into S

（5）生成软件体系结构的控制相关矩阵 C2

（6）求控制相关矩阵的传递闭包 C2$^+$

　　（6.1）驱动 C2$^+$中 A 对应的行中的非 0 元素构件中的主动库所进入静止态

（7）Foreach｛C2$^+$中构件 A 对应的行中的非 0 元素｝

　　（7.1）判断构件 B 是否与 A 行为相关 //Call 算法 8-8

　　（7.2）If 行为相关，Add B into S

（8）生成软件体系结构的触发相关矩阵 C3

（9）求触发相关矩阵的传递闭包 C3$^+$

　　（9.1）驱动 C3$^+$中 A 对应的行中的非 0 元素构件中的主动库所进入静止态

（10）Foreach｛C2$^+$中构件 A 对应的行中的非 0 元素｝

　　（10.1）判断构件 B 是否与 A 行为相关 //Call 算法 8-9

　　（10.2）If 行为相关，Add B into S

（11）S=S∪｛A｝

（12）输出 S；结束

算法的思路是分别求 3 种行为相关的传递闭包，然后对传递闭包中的传递相关进行依次判断，把闭包中真正行为相关的构件放入集合 S，最后由于构件 A 本身也是与自身行为相关，因此，再把构件 A 添加进 S，最后输出 S 集合。

封闭系统的假设的优点在于：第一，使得行为相关性分析复杂度降低，而且只需在 M 状态下分析一次即可，相关构件内部状态的变化无须再次调用算法进行分析；第二，使得结构上满足传递相关，而行为上不满足传递相关的构件可以继续处理其内部的数据。封闭系统的假设的不足在于，使得结构上满足传递相关的构件因无法与系统外部交互，而处于"半静止"状态，动态演化实施代价较高。

（二）开放系统的构件行为相关性分析

与封闭系统相对应，首先定义开放系统。

定义 8-23（开放系统）　所谓开放系统,是相对于封闭系统而言的,指系统内部的构件在进行行为相关性分析时,主动端口不受限制的软件系统,即可以通过主动库所接受系统外部提交给系统的新托肯。

在开放系统的前提下,进行行为相关性分析,复杂程度较封闭系统要高。首先,在驱动待演化构件进入静止态时,需分析行为相关构件集合(集合中的元素是在当前状态下已经与待演化构件行为相关的构件)和未来可能的行为相关构件集合(集合中的元素满足在当前状态下与待演化构件行为不相关;但该构件包含主动库所,且主动库所添加托肯时有可能造成该构件与待演化构件行为相关);其次,每次主动库所往构件(未来可能的行为相关构件集合)中添加一个托肯时,都需要重新分析该构件与待演化构件之间的行为相关性。接下来给出开放系统的构件行为相关性分析算法。

算法 8-12（开放系统的行为相关性分析算法）　在动态软件体系结构模型 SAD=(COM, CON, M) 中,若驱动构件 A 进入静止态,判断在 M 状态下,以及开放系统的前提下,与构件 A 行为相关的构件集合 S 以及未来可能行为相关的构件集合 R。

输入: SAD=(COM, CON, M), A

输出: S 和 R

(1) 初始化 S=∅, R=∅

(2) 生成软件体系结构的一致相关矩阵 C1

(3) 求一致相关矩阵的传递闭包 C1+

(4) Foreach {C1+中构件 A 对应的行中的非 0 元素}

　　(4.1) 判断构件 B 是否与 A 行为相关 //Call 算法 8-10

　　(4.2) If 行为相关, Add B into S

　　(4.3) Else 判断 B 的主动库所能力集是否会导致行为相关; //Call 算法 8-13

　　　　(4.3.1) If Ture Add B into R

(5) 生成软件体系结构的控制相关矩阵 C2

(6) 求控制相关矩阵的传递闭包 C2+

(7) Foreach {C2+中构件 A 对应的行中的非 0 元素}

　　(7.1) 判断构件 B 是否与 A 行为相关 //Call 算法 8-8

　　(7.2) If 行为相关, Add B into S

　　(7.3) Else 判断 B 的主动库所能力集是否会导致行为相关; //Call 算法 8-13

　　　　(7.3.1) If Ture Add B into R

(8) 生成软件体系结构的触发相关矩阵 C3

（9）求触发相关矩阵的传递闭包 C3⁺

（10）Foreach｛C2⁺中构件 A 对应的行中的非 0 元素｝

    （10.1）判断构件 B 是否与 A 行为相关 //Call 算法 8-9

    （10.2）If 行为相关, Add B into S

    （10.3）Else 判断 B 的主动库所能力集是否会导致行为相关; //Call 算法 8-13

        （10.3.1）If Ture Add B into R

（11）S=S∪｛A｝

（12）输出 S 和 R; 结束

该算法不驱动结构行为相关的构件的主动库所进入静止态，而是设置一个新的构件集合 R 用于存储可能在未来由于主动库所的托肯添加而造成的行为相关。

在给出未来可能的行为相关判定算法之前，需要先定义制约变迁。

定义 8-24（制约变迁） 若驱动构件 A 进入静止态，构件 B 包含主动库所，且构件 B 与构件 A 之间满足以下关系之一：（1）$(A, B) \in$ Consistency；（2）$(A, B) \in$ Control；则决定对应的结构相关的连接件在构件 B 中所连接的变迁成为 B 中 A 的制约变迁。

由于一致相关由变迁融合连接件决定，同时，控制相关由正向弧添加连接件决定，因此，连接件在构件 B 中的连接端类型必然是变迁。判断是否是未来可能行为相关的构件集合的算法如下。

算法 8-13（未来可能的行为相关判定算法） 在动态软件体系结构模型 SA_D =（COM，CON，M）中，若驱动构件 A 进入静止态，判断在 M 状态下，在开放系统的前提下，构件 B 未来是否可能因构件 A 的静止而行为相关。

输入：SAD=（COM，CON，M），A，B

输出：Ture 和 False

（1）Set T=∅, Q=∅

（2）根据 A 和 B 之间的结构关系，判断 B 中 A 的制约变迁 p

    （2.1）Add each p into T

（3）Foreach 主动库所 in B

    （3.1）Foreach k in 主动库所能力集

        （3.1.1）If kid. goal ∉ B

            （3.1.1.1）Set kid. goal′=B. O

        （3.1.2）Else kid. goal′=kid. goal

        （3.1.3）用 s 记录从当前库所到目标库所的所有路径集

        （3.1.4）Foreach s 满足（s. head=kid. pos）&&（s. head=kid. goal）

            （3.1.4.1）If T∩s≠∅, break

            （3.1.4.2）Add k into Q

（4）If Q =∅, 输出 "False", 结束

（5）Else 输出 "Ture"; 结束

算法通过判断构件 B 中的每个主动库所的能力集中的托肯，是否会使得构件

B 在行为上受到构件 A 静止的制约，从而判断该构件是否会在未来因构件 A 的静止而行为相关。判断每个主动库所添加托肯造成的状态变化及其行为影响的算法与本算法类似，因而从略。与封闭系统相比，开放系统的行为相关性分析的优点在于：无需将所有结构上满足传递相关的构件的主动库所限制，从而降低了动态演化的成本。缺点在于：每次有主动库所添加新的托肯时，都需对该构件与待演化构件之间的关系进行判断，判断相关性的代价高于封闭系统。

四、小结

本章首先从静态结构方面入手，分析了构件之间的几种基本的结构相关性，在此基础上，进一步进行复合结果相关性的分析；从动态行为的角度，首先分析了静态结构相关性对动态行为相关性的作用，然后讨论了构件的部分传递性及其处理，最后分别从封闭系统和开放系统的角度对构件的行为相关性进行分析。

第九章　动态演化实施的一致性保持

对于软件动态演化的实施，如何保证一致性是目前面临的重要挑战之一。对于一致性的定义，目前存在着定义不统一和概念混乱等问题（窦蕾，2005）。本书基于软件体系结构，从软件系统行为的角度对一致性的概念进行形式化定义。由于一致性包括内部一致性和外部一致性，因此，需分别对其进行严格定义。

如何保持动态演化实施的一致性，对于保证动态演化实施的可靠性具有至关重要的意义。因为若由于动态演化的实施而导致系统不一致，那么将导致动态演化的失败，甚至是更加严重的后果。可见，是否保证动态演化实施的一致性，是衡量动态演化成败的重要标准之一。

对于内部一致性，是指构件演化前后的内部状态是否一致。内部一致性首先面临的是构件的状态迁移问题。当构件执行到一个状态时，需要从系统配置上被撤换下来，此时该构件保持着特定的状态信息，当该构件被演化或被替换之后，演化之后的构件或新替换的构件必须能够兼容旧构件的状态，并从被撤换时的断点继续执行下去，进而完成旧构件中被中断的尚未完成的操作。其中，构件状态迁移是指将旧构件的状态映射成为新构件的状态这一过程。

对于外部一致性，主要从交互的角度考虑构件之间交互的一致性。当一个外部的构件（相对于演化构件而言）需要向演化构件传递一个托肯（或接收来自演化构件的一个托肯）时，演化之后的构件必须能够接纳（或提供）对应的托肯；当一个外部的构件需要演化构件的某一个变迁功能时，演化之后的构件必须具备该功能；外部以演化构件中的库所为目标的托肯（包括主动库所的能力集中的托肯的目标）必须能够在演化之后的构件中找到与之对应的目标库所。

本章在前几章工作的基础上，首先，对一致性进行形式化定义；然后，讨论构件的状态迁移方法；接着，讨论构件的行为空间行为图，作为构件之间的行为一致性保持的理论基础；最后，基于行为图，分别对如何保持构件的内部一致性和外部一致性进行阐述，并提出其一致性保持的标准。

第一节　一致性的定义

由于对一致性的定义依赖于对软件系统的描述方式，因此，对于不同的系统模型，相应的一致性定义也各不相同。

考虑到本书基于扩展的 Petri 网描述软件体系结构模型，因此，在此基础上，针对该模型分别定义内部一致性和外部一致性。

内部一致性是针对目标构件的内部而言，需考虑构件内部状态，其定义如下。

定义 9-1（内部一致性）　对于一次构件的动态演化，假设演化前的构件为 Com_1，经动态演化后构件变为 Com_2，并且状态从 $s_1(Com_1)$ 变为状态 $s_2(Com_2)$：对于 $s_1(Com_1)$ 状态下的任意一个托肯 k，将其可能的后续变迁序列的集合记为 $\Sigma(k)$；k 在 $s_2(Com_2)$ 状态下对应的托肯为 k'，其可能的后续变迁序列的集合记为 $\Sigma(k')$。若满足 $\Sigma(k) \subseteq \Sigma(k')$，称该次动态演化满足内部一致性。

可见，内部一致性要求演化后的构件具有继续完成演化之前的构件被中断的任务的能力。

外部一致性是针对构件之间交互而言，需考虑构件的依赖规约，其定义如下。

定义 9-2（外部一致性）　对于一次构件的动态演化，假设经动态演化后构件为 Com，构件的依赖规约为 S，S 包含的事件集记为 $E(S)$，S 的迹的集合记为 $T(S)$。对于初始输入状态 $s_0(Com)$，其可能的后续变迁序列的集合记为 $\Sigma(s_0)$，若满足条件：$T(S) \subseteq (\Sigma(s_0) \setminus E(S))$，（其中 $\Sigma(s_0) \setminus E(S)$ 表示序列集合中的每个序列在集合 $E(S)$ 中的约束子序列的集合），则称该次动态演化满足外部一致性。

可见，外部一致性要求演化后的构件在构件外部看来其行为保持依赖规约的约束，即对构件外部而言该次动态演化应是透明的。

定义 9-3（一致性）　内部一致性和外部一致性统称为一致性。

第二节　构件状态迁移

接下来，针对本书提出的构件系统模型，讨论构件的状态迁移方法。构件的状态迁移方法包括以下几个步骤：（1）构件状态的保存（在构件静止的前提下）；（2）基于演化实施方案的托肯更新；（3）构件的演化（或替换）后的状态恢复。

一、构件的状态保存

由于本书提出的构件系统模型基于扩展的 Petri 网，因此构件的状态由对应的 Petri 网的格局决定，可见构件的状态保存的实质就是保存对应的 Petri 网的格局。对于一般的 Petri 网，要记录其状态，其关键是记录其内部各个托肯所处的位置；由于本书对托肯进行了扩展，托肯本身保存了其位置信息和目标信息，因此，使得 Petri 网的状态保存更为方便，只需要设置一个线性存储空间，把构件内部各个托肯暂存于该存储空间即可。接下来给出构件的状态保存算法。

算法 9-1（构件的状态保存算法）　在动态软件体系结构模型 SAD =（COM，CON，M）中，保存在 M 情态下构件 Com 的状态。

输入：SAD =（COM，CON，M），Com

输出：构件的状态存储地址 LocCom

（1）初始化 一个队列 Q = Null

（2）LocCom = * Q

（3）Call 算法 7-2；//驱动构件进入静止态

（4）Foreach 库所 P in Com

　　（4.1）Foreach 托肯 k in 库所 P

　　　（4.1.1）Add k into Q

（5）Add 0 into Q

（6）返回 LocCom

算法中用队列 Q 保存构件中的每个托肯，队列末尾用 0 标记（表示托肯未被更新），然后返回 Q 的存储地址。之所以不把构件的状态存放在库所缓冲池中，主要是因为，在构件的状态恢复和对该构件的托肯进行更新时，可以直接得到该构件的全部托肯；若放入库所缓冲池中，由于其中还有其他的托肯，则需要对托肯进行判断，判断是否属于该构件。因此，用专门的队列保存构件的状态效率更高。

二、基于库所映射方案的托肯更新

对构件的演化既可以是对构件内部结点的添加或删除，也可以是对构件内部的结点之间的关系的改变，还可以是用一个新的构件替换原来的待演化构件。从对构件的演化方式可以看出，在构件的状态在暂时保存之后，若要将状态恢复到演化之后的对应构件之中，可能会遇到这样的问题：由于托肯带有位置库所信息和目标库所信息，构件被演化之后原先托肯的位置库所和目标库所可能被改变，甚至被删除，这将导致该托肯无法被恢复到演化后的构件之中，或者恢复之后位置库所信息与所处的实际位置之间不一致。因此，在构件的状态被恢复到演化之后的构件之中前，必须先对托肯进行处理，作为构件状态恢复的基础。

接下来，首先给出库所映射方案的定义，作为托肯更新的依据。

定义 9-4（库所映射方案）　库所映射方案是一个映射 $f: P \rightarrow P'$，其中 P 是构件演化之前的库所集合，P' 是构件演化之后的库所集合。

库所映射方案描述了构件演化前后的库所之间的对应关系，通过映射方案可以将演化前的构件状态映射到演化后的构件状态，为托肯更新和构件的状态恢复提供基础。库所映射方案的理论依据将在后文"内部一致性"中进一步论述。

接下来，给出基于库所映射方案的托肯更新算法。

算法 9-2（托肯更新算法）　对于待演化构件 Com，依据库所映射方案 f，将其状态队列 Q 中的托肯信息更新。

输入：Com，f，LocCom

输出：托肯已更新过的构件状态存储地址 LocCom

（1）初始化 Q = * （LocCom）

（2）Foreach k in Q

　　（2.1）Updata k. pos = f（k. pos）

　　（2.2）If k. goal ∈ P

　　　　（2.2.1）Updata k. goal = f（k. goal）

　　（2.3）Else k. goal = k. goal

（3）Set Q. last = 1

（4）返回 LocCom

在算法 9-1 中，在队列的末尾插入 0，用于标记托肯的结束；在本算法中把队列末尾的 0 变为 1，用于表明该队列中的托肯是已经根据库所映射方案更新过的托肯队列。其中，更新的内容包括托肯的目标库所和位置库所。

三、构件的状态恢复

构件的状态恢复是在构件演化之后，被重新驱动进入活动态之前的一个重要步骤。前文的托肯更新为构件的状态恢复提供了很好的基础，使得构件的状态恢复更加简洁和明了：只需把对应的队列中的各个托肯，根据其位置信息恢复到其对应的位置库所即可。接下来，给出构件的状态恢复算法。

算法 9-3（构件的状态恢复算法）　对于演化后的构件 Com，其对应的构件状态保存在 LocCom 对应的队列 Q 中，恢复该构件的状态。

输入：Com，LocCom

输出："成功"或"失败"

（1）初始化 Q = * （LocCom）

（2）If Q. last ≠ 1

　　（2.1）输出"失败"，结束。//托肯尚未更新

（3）Foreach k in Q

　　（3.1）Add k into k. pos

　　（3.2）Delete k from Q

（4）Free * （LocCom）

（5）Call 算法 7-3；//驱动构件进入活动态

（6）输出"成功"，结束

算法首先判断队列中的托肯是否更新过，只有被更新过的托肯队列才可以进

行状态恢复。状态恢复之后，删除对应的托肯队列，并驱动构件重新进入活动态。

第三节 构件的行为空间和行为图

构件动态演化的一致性包括内部一致性和外部一致性。对于内部一致性而言，若构件中存有状态（即被演化中断的任务），要求演化之后的构件能够一致地完成演化之前的构件未完成的任务，其实质是演化后的构件能执行演化之前的构件的行为；对于外部一致性而言，要求在与演化构件交互的构件看来，演化构件的观察行为保持一致。可见，动态演化实施的一致性保持与构件的行为息息相关。本节首先讨论构件的行为空间，然后，在此基础上，讨论构件的行为图。

一、构件的行为空间

由于本书的构件模型基于扩展的 Petri 网，而 Petri 网作为一种操作类的形式化方法，其每一个变迁的执行描述了构件的每一步行为。正是变迁的点火执行使得构件从一个状态转变为另一个状态。因此，首先给出变迁行为的定义，作为定义构件行为空间的基础。

定义 9-5（变迁行为） 对于构件 Com 而言，其变迁行为是一个三元组 $b = (s, t, s')$，也可表示为 $s \xrightarrow{t} s'$，其中：（1）s 和 s' 表示构件的局部状态，其实质是构件 Petri 网中变迁 t 的外延格局，即是一个映射 $N: P_t \rightarrow \{0, 1\}$，其中 $P_t = {}^\bullet t \cup t^\bullet$；（2）$t$ 表示导致构件状态发生变化的变迁，$t \in T$，即 T 是构件的变迁集。

变迁行为 $s \xrightarrow{t} s'$ 表示 t 的外延在状态 s 下执行变迁 t 后，状态变化为 s'。

由于变迁的外延状态只是一个局部的状态，无法描述构件的全局状态，因此，提出外延状态的构件情态扩展，用于描述对应的构件状态。

定义 9-6（变迁外延状态的构件情态扩展） 对于构件 Com 的一个变迁的外延状态 s，其构件的情态扩展 c 是指满足以下条件的构件格局：$c = s \cup \{N_0: P_{!t} \rightarrow \{0\}\}$，其中：$P_{!t} = P_{Com} - {}^\bullet t \cup t^\bullet$。

可见，变迁 t 的外延状态的构件情态扩展，是在保留变迁 t 的外延的状态的前提下，令构件内其他非变迁 t 的外延库所中都没有托肯，这样构成的构件的全局库所状态。即情态扩展是对变迁外延状态的自然扩展。

与变迁的外延状态只是一个局部的状态类似，变迁行为也只是构件的一个局部行为，无法描述构件的整体行为情况。因此，在变迁行为的基础上，定义构件的行为空间，用于描述构件的整体行为。

定义 9-7（构件的行为空间） 对于构件 Com 而言，其行为空间是一个二元

组 $\Omega_{Com} = (C, B)$，其中：（1）C 是构件 Com 的状态集合，其中每一个状态 c 是一个变迁外延状态 s 的构件情态扩展；（2）B 是构件 Com 的变迁行为的集合。

构件的行为空间刻画了构件的变迁行为的集合，以及各个状态之间的状态转移关系，以及转移关系所依赖的变迁。可见，从本质上看，构件的行为空间是标号迁移系统。进一步，构件的行为空间可以被看成是一个既没有初始状态也没有接受状态的自动机。因此，在构件的行为空间中选定不同的初始状态，就分别对应着一个不同的自动机。这也是下文提出构件的行为图的原因和依据之一。

二、构件的行为图

构件的行为空间描述了构件的整体行为，也正因为它描述了构件的全局行为，因此行为空间中的各个状态都是平等的。即行为空间中没有开始状态和结束状态。然而，在许多情况下，比如对构件的状态迁移而言，考虑的构件行为是对一个特定的状态而言的，即从一个特定的开始状态出发，去考虑构件的行为。这种情况下，用构件的行为空间来描述就显得不够直观。

因此，本书进一步提出构件的行为图这一概念，用于描述从一特定构件状态出发的构件行为。首先给出构件的子状态的定义。

定义 9-8（构件的子状态）　对于动态软件体系结构模型 $SA_D = (COM, CON, M)$ 中的构件 Com 而言，在体系结构状态 M 下，构件 Com 对应的子状态记为 M_{Com}，且 $M_{Com} = M \setminus \{P_{Com}\}$，其中 $\setminus$ 是限制运算符，表明把 M 的范围限制在构件 Com 的库所集之中。

在构件的子状态的基础上，可以定义构件的行为图。

定义 9-9（构件的行为图）　对于动态软件体系结构模型 $SA_D = (COM, CON, M)$，在状态 M 下，构件 Com 对应的子状态为 M_{Com}，其行为图是一个三元组 $G = (s_0, S, E)$，其中：（1）s_0 是初始状态，即状态 M 下构件对应的子状态 M_{Com}，是行为图的顶点；（2）S 是 s_0 可达的构件状态的集合，是行为图的节点集，且满足 $s_0 \in S$；（3）E 是变迁行为的集合，即 $E \subseteq B$，且满足 $E.s \in S$ 和 $E.s' \in S$（B 见定义 9-4，s 和 s' 见定义 9-2），E 是行为图的有向边的集合。

行为图可以直观地看出构件在当前状态下的未来行为。因此，行为图的定义，为比较构件之间的行为奠定了基础。

接下来，给出构件的行为图构造算法。

算法 9-4（构件的行为图构造算法）　对于动态软件体系结构模型 SAD = (COM, CON, M)，构造其中的构件 Com 在对应的子状态为 MCom 下的行为图。

输入：构件 Com，子状态 MCom

输出：行为图 G(Com)

（1）初始化有向图 G(Com) = (S, E) = ({MCom}, ∅)，MCom 未做标记

（2）while 在集合 S 中还存在未做标记的节点 do

(2.1) 从集合 S 中任意选一个未做标记的节点 s1 并标记它

(2.2) for 每个在构件状态 s1 下满足（˙t⊆s1）的变迁 t，do

(2.2.1) 计算 s2，变迁 t 的发生使得 s1→s2

(2.2.2) S：=S∪{s2}，其中 s2 未做标记

(2.3.3) E：=E∪{〈s1, t, s2〉}

(3) S 中不存在未做标记的节点，输出 G(Com)，算法结束

由于构件在建模时即保证了构件的有界性，因此其在任意状态下的可达状态集合都是有限的，因此，保证了算法中不会出现标记不完的节点，即确保了 for 循环是可以终止的。本质上，构件的行为图是符合一定约束的扩展 Petri 网的可达图。由于本书针对软件系统的体系结构和构件的行为，尤其需要考虑演化前后行为的相容性，以及保持与后文依赖规约生成的行为规约图的一致性，因此用行为图能更好地描述其作用。

第四节 一致性保持

在前文的基础上，接下来讨论构件动态演化的一致性保持。当对一个构件实施动态演化时，若构件内部存有状态（一般情况下都会存有状态），此时可以有两种方式处理：第一，保存构件的状态，待构件演化之后再恢复构件的状态；第二，暂停该构件的输入（包括输入接口和主动库所），待构件把内部数据处理完毕后再对构件进行演化。显然，第一种方法在构件恢复状态之后，需要保证被中断的任务能按原先的要求完成任务，即保持构件内部的一致性。第二种方法不需要保持构件的内部一致性，但显然降低了动态演化的效率。此外，无论采取哪种方法，都需要保证演化之后的构件能像演化之前的构件一样，与其他构件之间很好地完成交互和协同，即保持构件的外部一致性。接下来分别阐述构件的内部一致性保持和外部一致性保持。

一、构件的内部一致性保持

构件的内部一致性保持是与构件所处的状态相关的，因为构件的内部一致性是针对构件的状态而言的。由于构件的行为图是从一个特定的构件出发的构件未来行为的描述，因此，构件的行为图可以作为描述构件内部一致性的工具。

关于如何保持内部一致性，目前尚缺乏被普遍接受的标准。本书从行为的角度提出保持内部一致性的标准：针对一个构件的某一特定状态，要保持该构件的内部一致性，要求演化之后的构件从该特定状态开始的行为，必须能够包含演化之前的构件从该特定状态开始的行为，即演化后的构件从该状态开始的行为模式至少跟演化前的构件的行为模式一样丰富。因此，这种包含关系不仅要包含演化之前的构件的变迁行为，而且还要包含其分支结构。接下来，用进程代数理论中

的强模拟关系（R. Milner，1999）来刻画这种包含关系。

（一）构件的强模拟关系

强模拟关系是进程代数理论中用于刻画进程间行为等价的互模拟关系的基础，David Park 较早地提出了模拟和双模拟思想（Park，1981），此后，Bakker（Bakker，1982）、Milner（Milner，1983，1989）等人在文献中对此进行了完善和更加深入的讨论。本书以 Milner 在 1999 年在其专著《Communicating and Mobile Systems：the pi-calculus》中定义的强模拟关系为基础，讨论构件之间的行为强模拟关系。

定义 9-10（强模拟）（R. Milner，1999）　设（Q，T）是一个标号迁移系统，并设 S 是一个 Q 上的二元关系，如果一旦 pSq 总有如下条件成立：如果 $p \xrightarrow{t} p'$ 则存在 q' 使得 $q \xrightarrow{t} q'$ 并且 $p'Sq'$，则称 S 为（Q，T）上的一个强模拟。如果存在一个强模拟 S 使得 pSq 成立，则说 q 强模拟 p。

R. Milner 的强模拟关系作为刻画行为模式的一种工具是很强大的，但是并不能直接在本书使用，原因如下：第一，它是针对标号迁移系统而言的，而本书需要一个初始状态；第二，它是针对 2 个不同状态而言的，而本书针对的是同一个初始状态；第三，它是针对 CCS 和 π 演算而言的，而本书的构件基于扩展的 Petri 网模型。因此，本书针对前文提出的构件模型，参考强模拟的思想，提出以构件的行为图为基础的构件的强模拟关系。

定义 9-11（构件的强模拟关系）　对于两个构件 Com_1 和 Com_2，若存在一个库所映射方案 f，使得 Com_1 的状态 s_1 和 Com_2 的状态 s_2 相对应，G_1 和 G_2 分别是 Com_1 和 Com_2 在 s_1 和 s_2 状态下的行为图，则称 Com_2（在 s_2 状态下）强模拟 Com_1（在 s_1 状态下）必须满足：对于 G_1，若存在变迁行为 $b_1 = (s_1，t，s_1')$，则对于 G_2 存在变迁行为 $b_2 = (s_2，t，s_2')$，使得 Com_2（在 s_2' 状态下）强模拟 Com_1（在 s_1' 状态下）。

构件 Com_2 强模拟 Com_1 意味着无论构件 Com_1 选择哪条变迁行为路径，构件 Com_2 都能找到一条相应的变迁行为路径，且该路径上保留了 Com_1 的所有选择。

需要注意的是，本书的强模拟关系是单向的，即要求构件 Com_2 能强模拟 Com_1，但不要求构件 Com_1 也能强模拟 Com_2。否则就成了强互模拟了，这也是由于演化的单向性决定的。

（二）构件的内部一致性保持

接下来，以构件的强模拟关系为基础，讨论构件的内部一致性保持。

对于构件的动态演化实施，假设演化前的构件为 Com_1，演化后的构件为 Com_2，并且状态从 s_1 迁移到状态 s_2，对于内部一致性而言，若 Com_2（在 s_2 状态下）强模拟 Com_1（在 s_1 状态下），则演化之前未完成的任务都可以在演化之后的构件中得到完成；反之，若 Com_2（在 s_2 状态下）不能强模拟 Com_1（在 s_1 状态下），则存在演化之前未完成的任务在构件演化之后将无法被完成，即由于动态演化的实施导致了构件内部状态的不一致。因此，本书以构件的强模拟关系作为动态演化实施中构件内部一致性保持的判断标准。接下来给出内部一致性保持定理及其证明。

定理 9-1（内部一致性保持定理） 对于一次构件的动态演化，假设演化前的构件为 Com_1，经动态演化后构件变为 Com_2，并且状态从 $s_1(Com_1)$ 迁移到状态 $s_2(Com_2)$，若满足条件：Com_2（在 s_2 状态下）强模拟 Com_1（在 s_1 状态下），则该次构件的动态演化保持了内部一致性。

证明：对于 s_1（Com_1）状态下的任意一个托肯 k，设变迁序列 λ 是 $\Sigma(k)$ 中的任意一个元素；假设 λ_1 是 λ 序列的第一个变迁，依此类推，则对于 G_1 存在变迁行为 $b_1 = (s_1, \lambda_1, s_1')$，由于 Com_2（在 s_2 状态下）强模拟 Com_1（在 s_1 状态下），因此，对于 G_2，必然也存在变迁行为 $b_2 = (s_2, \lambda_1, s_2')$，且使得 Com_2（在 s_2' 状态下）强模拟 Com_1（在 s_1' 状态下）；可见，在 Com_2（在 s_2 状态下）必然存在 k'，使得变迁序列 λ 是 $\Sigma(k')$ 中的一个元素，即满足 $\Sigma(k) \subseteq \Sigma(k')$。因此，该次构件动态演化保持了内部一致性。证毕。

因此，对于构件的一次动态演化，可以通过证明演化后的构件强模拟演化前的构件，来保证构件动态演化的内部一致性。一个简单的例子如图 9-1 所示。

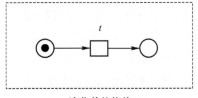
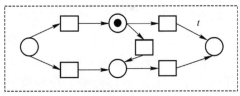

演化前的构件　　　　　　　　　演化后的构件

图 9-1　构件动态演化前后及其状态

在图 9-1 中，动态演化之前的构件和演化之后的构件在结构上差异较大，但演化后的构件在对应的状态下能够强模拟演化之前的构件在对应状态下的行为，因此，动态演化实施前后满足内部一致性。对应的行为图如图 9-2 所示。

由图 9-2 中，为了直观，将状态的映射关系用虚线对应，由两者的行为图易得：演化后的行为图包含了演化前的行为图的所有变迁行为（图中是 (s_1, t, s_1')）和所有的分支结构（图中只有一条路径，因此无分支结构），因此，在对应的状态下，演化后的构件强模拟演化前的构件。反之，演化前的构件则无法强模拟演化后的构件。

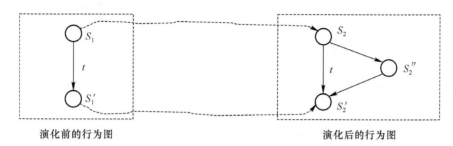

图 9-2　构件动态演化前后的行为图

二、构件的外部一致性保持

构件的外部一致性保持，主要取决于构件的依赖规约（见定义 5-2），因为只有构件实现了其依赖规约规定的行为，才能满足其他构件的需求。由于构件的依赖规约用进程项描述，而构件的实现用扩展的 Petri 网描述，两者描述方法的差异要求在它们之间找到一个比较的桥梁，而这个桥梁就是行为图，因此，需要先将依赖规约转化为行为图（称为行为规约图），这样就可以和基于 Petri 网的构件行为图一起，用于描述构件的外部一致性。

由于依赖规约描述了从构件外部对构件的观察，因此，在对构件进行动态演化时，若演化之后的构件依然满足其依赖规约规定的行为，则从构件外部观察看来，被演化的构件在演化前后并无差别，哪怕演化前和演化后其实现方式发生了巨大的变化。可见，外部一致性的保持，其关键在于演化后的构件依然能"模拟"其依赖规约的行为。但是，这种"模拟"与内部一致性的强模拟关系不同：这种"模拟"是从外部观察的角度要求的一种"观察模拟"，它只关注外部能观察到的"外部行为"，而忽略了外部观察不到的"内部行为"，即这种"模拟"是一种弱模拟关系（R. Milner，1999）。

接下来，首先讨论依赖规约的行为规约图。

（一）行为规约图

由于依赖规约使用进程项描述，而构件实现使用扩展 Petri 网来描述，因此，为了描述进程项所规定的行为，并与构件的行为图保持一致，使用行为规约图来描述依赖规约的行为。

首先，与变迁行为相对应，提出"进程事件行为"这一概念（简称事件行为），作为定义行为规约图的基础。

定义 9-12（事件行为）　对于构件 Com 的依赖规约 S 而言，其事件行为是一个三元组 $b=(p,\ t,\ p')$，也可表示为 $p \xrightarrow{\ t\ } p'$，其中：（1）p 和 p' 表示进程，对

应于变迁行为的状态；（2）t 表示导致进程发生变化的事件，对应于变迁行为的变迁，$t \in E$，E 是事件集。

事件行为 $p \xrightarrow{\ t\ } p'$ 表示进程 p 执行事件 t 后变为进程 p'；事件行为 $p \xrightarrow{\ t\ } \sqrt{}$ 表示进程 p 执行事件 t 后，成功地终止。

在定义事件行为的基础上，接下来定义行为规约图，简称规约图。

定义 9-13（行为规约图） 对于构件 Com 的依赖规约 S 而言，其规约图是一个三元组 $G = (p_0,\ P,\ E)$，其中：（1）p_0 是依赖规约进程项，是规约图的顶点，对应于行为图的初始状态；（2）P 是进程集，是规约图的节点集，对应行为图的状态集合；（3）E 是事件行为的集合，是规约图的有向边的集合，对应行为图的变迁行为集合。

接下来，与行为图类似，给出行为规约图的构造算法。

算法 9-5（行为规约图的构造算法） 对于构件 Com 的依赖规约 S 而言，构造其行为规约图。

输入：进程项 p0

输出：规约图 G(p0)

（1）初始化有向图 G(p0)=(P，E)=({p0}，∅)，p0 未做标记

（2）while 在集合 P 中还存在未做标记的节点 do

   （2.1）从集合 P 中任意选一个未做标记的节点 p1 并标记它

   （2.2）for 每个在进程项 p1 中可执行的事件 t，do

      （2.2.1）计算 p2，事件 t 的发生使得 p1→p2

      （2.2.2）P：=P∪{p2}，其中 p2 未做标记

      （2.3.3）E：=E∪{⟨p1，t，p2⟩}

（3）P 中不存在未做标记的节点，输出 G(p0)，算法结束

其中算法中步骤（2.2）的可执行事件的选择，其依据是表 3-1 中的事件变迁规则。

（二）构件对依赖规约的弱模拟关系

由于弱模拟关系是一种观察模拟，所以应区分外部能观察到的事件和外部观察不到的内部事件。所有的内部事件，从外部看来，都被抽象为一个特殊的事件 τ；与之相对应，可以用 λ_1，λ_2，λ_3，…表示外部能观察到的事件。

定义 9-14（弱模拟）（R. Milner，1999）设 S 是进程空间 R 上的二元关系，如果对任意的 PSQ 下面的条件成立，则称 S 是一个弱模拟：若 $P \overset{e}{\Rightarrow} P'$，那么存在 $Q' \in R$ 满足 $Q \overset{e}{\Rightarrow} Q'$ 并且 $P'SQ'$。当存在这样的弱模拟关系 S 满足 PSQ 时，称 Q 强模拟 P。

定义中的 $\overset{e}{\Rightarrow}$ 表示一个试验 $e = \lambda_1 \cdots \lambda_n$ 的执行，其间可能夹杂了任意数量的外

部不可观察的内部事件 τ。需要注意的是，所有的强模拟都是弱模拟。

由于构件的实现被建模为单入口和单出口的扩展 Petri 网，因此可以使用构件的初始输入状态作为构件行为图的初始状态。

定义 9-15（构件的初始输入状态）　对于构件 Com，输入外延 I^* 为其输入接口 I 和输入接口 $I^\bullet$ 的后提的集合，即 $I^* = I \cup I^\bullet$，其初始输入状态是指：输入外延中的库所包含有一个托肯，除此之外，构件中的其他库所都不包含托肯的状态。

接下来，参考弱模拟的思想，定义构件对依赖规约的弱模拟关系。

定义 9-16（构件对依赖规约的弱模拟关系）　对于构件 Com 及其依赖规约 S 而言，存在一个映射方案 g，使得 Com 的初始输入状态和依赖规约 S 的进程项相对应，G_1 是依赖规约 S 的规约图，G_2 是 Com 在初始输入状态下的行为图，称构件 Com 弱模拟依赖规约 S 必须满足：对于 G_1，若存在事件行为序列 $e = b_1 \cdots b_n$，即 $G_1 \overset{e}{\Rightarrow} G_1'$，则对于 G_2，存在变迁行为序列满足 $G_2 \overset{e}{\Rightarrow} G_2'$，使得 G_2' 弱模拟 G_1'。

构件对依赖规约的弱模拟意味着，从构件外部观察，构件的实现满足其依赖规约的行为要求。

在对构件进行演化之前，构件的实现通常是满足其依赖规约的。为了保证外部一致性，要求构件在实施动态演化之后，不管其实现方式如何改变，它必须仍然满足构件的依赖规约，即演化之后的构件必须能弱模拟依赖规约的行为。

(三) 构件的外部一致性保持

接下来，以构件对依赖规约的弱模拟关系为基础，讨论构件动态演化的外部一致性保持。

对于构件的动态演化实施，假设演化前的构件为 Com_1，演化后的构件为 Com_2，对于外部一致性而言，其状态一般都依据构件的初始输入状态。一般而言，Com_1 在初始输入状态下弱模拟依赖规约 S，是由上一次演化来保证的。对于本次动态演化，需要考虑的只是演化后的构件为 Com_2：若演化后的构件 Com_2 在初始输入状态下满足对依赖规约 S 的弱模拟关系，则演化保持了外部一致性；否则，若演化后的构件 Com_2 在初始输入状态下不能满足对依赖规约 S 的弱模拟关系，则由于动态演化的实施将导致了构件外部的不一致。因此，本书以构件对依赖规约的弱模拟关系作为动态演化实施中构件外部一致性保持的判断标准。接下来给出外部一致性保持定理及其证明。

定理 9-2（外部一致性保持定理）　对于一次构件的动态演化，假设动态演化实施前的构件为 Com_1，经动态演化后构件变为 Com_2，构件的依赖规约为 S，若满足条件：Com_2（在初始输入状态下）弱模拟构件的依赖规约 S，则该次构件演化保持了外部一致性。

证明：对于依赖规约 S 的迹的集合记为 $T(S)$，设事件序列 λ 是 $T(S)$ 中的任意一个元素，并假设 λ_1 是 λ 序列的第一个变迁，依此类推，则对于 G_1 存在事件行为序列 $e=\lambda_1\cdots\lambda_k$，即 $G_1\overset{e}{\Rightarrow}G_1'$，由于 Com_2（在初始输入状态下）弱模拟构件的依赖规约 S，因此，在映射方案 g 的作用下，对于 G_2 必然也存在变迁行为序列满足 $G_2\overset{e}{\Rightarrow}G_2'$，使得 G_2' 弱模拟 G_1'，记对应的变迁序列为 σ，由于 $E(S)$ 之外的其他变迁行为都被抽象为哑动作 τ，因此可得：$\sigma\setminus E(S)=\lambda$；可见，对于任意一个事件序列 λ，必然存在一个 σ，使得 $\sigma\setminus E(S)=\lambda$，即 $T(S)\subseteq(\Sigma(s_0)\setminus E(S))$；因此，该次构件的动态演化保持了外部一致性。证毕。

因此，与内部一致性类似，对于构件的一次动态演化，可以通过证明演化后的构件实现弱模拟构件的依赖规约，来保证构件动态演化的外部一致性。

例 9-1 假设构件的依赖规约 S 为 $t_1\cdot(t_2+t_3)$，其演化前的构件实现如图 9-3 所示，演化前的构件行为图与行为规约图的弱模拟关系如图 9-4 所示，演化后的构件实现如图 9-5 所示，演化后的行为图与规约图的弱模拟关系如图 9-6 所示。

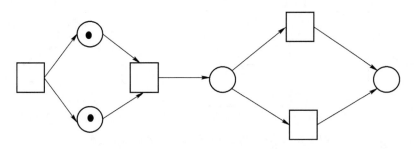

图 9-3　演化前的构件结构及初始输入状态

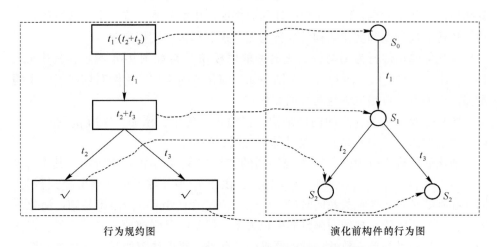

图 9-4　演化前的构件对依赖规约的弱模拟关系

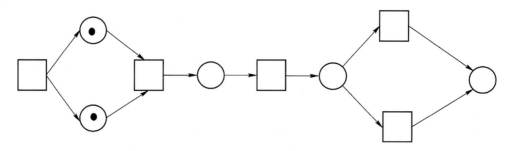

图9-5　演化后的构件结构及初始输入状态

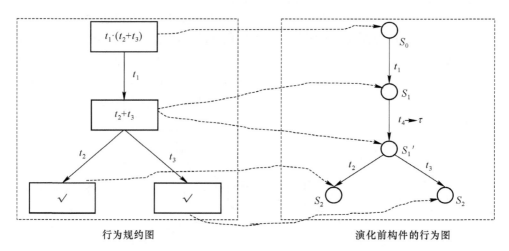

图9-6　演化后的构件对依赖规约的弱模拟关系

在图9-3中，实现的构件是一个 TP 型构件，其输入接口是一个变迁，因此其初始输入状态体现在输入接口变迁的后提库所中的托肯。接下来，通过依赖规约 S 的行为规约图和演化前构件的行为图，来展示其弱模拟关系。

演化前的构件行为图与行为规约图的弱模拟关系如图9-4所示，其中 $s_0 = \{p_1, p_2\}$，$s_1 = \{p_3\}$，$s_2 = \{p_4\}$。由图易知，演化前的构件行为图对依赖规约图满足强模拟关系，自然也满足弱模拟关系。

图9-5所示为演化后的构件结构，在演化实施中，添加了库所 p_5 和变迁 t_4 以及相应的弧，其中 t_4 的执行是外部不可观察的事件。

演化后的构件行为图与行为规约图的弱模拟关系如图9-6所示，其中 $s_0 = \{p_1, p_2\}$，$s_1 = \{p_5\}$，$s_1' = \{p_3\}$，$s_2 = \{p_4\}$，由于 t_4 是外部不可观察的变迁行为，因此在判断是否弱模拟关系的时候，t_4 被看成特殊的事件 τ。由图易知：演化后的构件行为图对依赖规约图满足弱模拟关系，但不满足强模拟关系。可见，本次动态演化是满足外部一致性保持的要求的。此外，需要注意的是，依赖规约图对演化后的构件既不满足强模拟，也不满足弱模拟关系。

三、小结

本章首先讨论构件的状态迁移方法，它是内部一致性保持的前提；接着，讨论构件的行为空间和行为图，作为构件之间的行为一致性保持的理论基础；然后，基于行为图，分别对如何保持构件的内部一致性和外部一致性进行阐述，并参照进程代数理论中的强模拟关系和弱模拟关系，提出了构件动态演化实施中的一致性保持的标准，为软件演化的一致性保持判断提供了依据。

第十章 案例研究

本书提出了面向动态演化的需求和体系结构模型与方法，该方法以需求模型为驱动，以体系结构模型为视图，以行为管程为支撑，以解决动态演化面临的挑战为导向，以形式化方法为基石。前文已对方法的具体内容进行了较为详细的讨论和阐述。为了说明本书提出的方法的可行性，接下来，以一个简化的网上银行系统为例，对其进行面向动态演化的需求建模、体系结构建模，并进行相关性分析，进而在体系结构层次上实施动态演化并保证其一致性。

案例背景简介：某市商业银行为加强自身的竞争力，准备推出网上银行系统。要求系统实现用户信息管理、余额查询、历史记录查询、网上转账等功能；对于转账功能，要求执行转账之前，系统自动向客户手机发送验证码，验证成功后才执行转账；此外，目前银行正与该市电力营销系统商讨通过网上银行代收电费的事宜，但尚未确认和签约；并且代收电费的需求尚未明确。

第一节 面向动态演化的需求建模

本节分别对需求模型中的行为特征模型、属性特征模型进行建模，并进一步对需求模型进行规范化，以便为体系结构建模奠定基础。

一、行为特征建模

为使模型简化，本书对行为特征建模时仅考虑客户行为，对银行管理行为不予考虑。

客户行为可以由系统登录、客户服务和安全退出三个行为特征顺序组合而成。其中客户服务行为特征又由用户信息管理、余额查询、历史记录查询、网上挂失、短信验证转账、代缴电费等行为特征选择组合之后再迭代组合而成，其中代缴电费是易变行为特征。进一步，短信验证转账又由网上转账和短信验证两个行为特征并行复合而成。由于并行复合涉及交互，因此需要对这两个行为特征的内部详细建模，而未涉及复合操作的组合对象可以以原子计算行为特征的形式存在。

首先，对短信验证转账这一行为特征建模，其行为特征树如图 10-1 所示，图中的叶子结点是原子计算行为特征。对于叶子结点，冒号左边是特征的标识符，右边是其进程项；对于非叶子结点，冒号左边也是对应结点的标识符，冒号右边是结点对应的行为特征的组合或复合方式，如标识符为 2.00 的组合特征对应的进程项为：t_4+t_5。

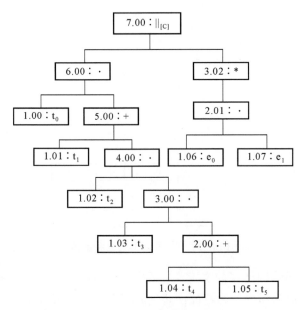

图 10-1　短信验证转账的行为特征树

由图 10-1 可见，短信验证转账这一行为特征包含许多子行为特征，其对应的进程项为：$(t_0 \cdot (t_1 + (t_2 \cdot (t_3 \cdot (t_4+t_5))))) \parallel_{[C]} ((e_0+e_1) *)$；其中 $C = \{\langle 0.01, t_2, e_0 \rangle, \langle 0.02, t_3, e_1 \rangle\}$；各原子计算行为特征的含义如下：输入转账金额（$t_0$），转账金额大于账户余额（$t_1$），输入转账目标账号（$t_2$），输入短信验证码（$t_3$），短信验证码错误（$t_4$），转账成功（$t_5$），向客户手机发送验证码短信（$e_0$），验证码校验（$e_1$）；（$e_0+e_1$）之所以要进行迭代组合，是因为当输入的转账金额大于账户余额时，就不需要通过获取短信验证码和通过短信验证了；第一个交互动作 $\langle 0.01, t_2, e_0 \rangle$ 是指在向系统输入转账目标账号这一事件（t_2）的同时，系统会自动同时向客户手机发送验证码短信（e_0）；第二个交互动作 $\langle 0.02, t_3, e_1 \rangle$ 是指在向系统输入短信验证码（t_3）的同时，系统会自动对验证码进行校验（e_1）。

接下来，在短信验证转账行为特征的基础上，将其他行为特征视为原子行为特征，并建立整个简化的网银系统的行为特征模型，其行为特征树如图 10-2 所示。

图 10-2 中网银系统的行为特征模型对应的进程项为：$(i \cdot ((((a+b)+x)+7.00) *)) \cdot o$；其中，7.00 是短信验证转账这一行为特征的标识符，由于涉及

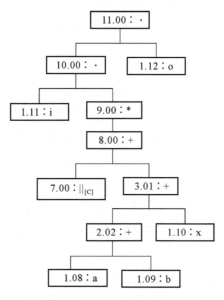

图 10-2　网银系统的行为特征树

并行复合，其内部结构已在前文定义；x 是代缴电费，由于这一行为特征未定，因此用开项建模成为易变行为特征；其余原子符号的含义如下：a 为账户信息管理（a）；b 为余额和历史记录查询（b）；i 为登录网银系统（i）；o 为安全退出（o）；最后该特征树的根结点的标识符是 11.00。

接下来给出网银系统的行为特征模型 $M_{B1} = \langle T, Leaf, C \rangle$，其中：

（1）$T = \&$（11.00），表示以 11.00 为根结点对应的特征树；

（2）$Leaf = \langle Leaf_C, Leaf_V \rangle$；$Leaf_C = \{a, b, i, o, t_0, t_1, t_2, t_3, t_4, t_5\}$，$Leaf_v = \{x\}$；

（3）$C = \{\langle 0.01, t_2, e_0 \rangle, \langle 0.02, t_3, e_1 \rangle\}$。

这样就完成了该系统的行为特征建模。

二、属性特征建模

为了简化模型，本书仅考虑主动属性特征、易用性属性特征、安全性属性特征和可信性属性特征，在它们的基础上建立属性特征模型。

第一，主动属性特征用五元组 $\langle 01_A, Con_A, Dom_{01}, Max, 1 \rangle$ 表示，其中：

（1）01_A 是主动属性特征的标识符；

（2）Con_A 是主动属性特征的属性特征规约；

（3）$Dom_{01} = \{i, o, a, b, x, t_0\}$；

（4）P = Max，Max 是个常量，表示优先级高；

（5）B = 1，需求建模时绑定。

第二，易用性属性特征用五元组 〈02，Con_{02}，Dom_{02}，Mid，1〉 表示，其中：

（1）02 是易用性属性特征的标识符；

（2）Con_{02} 是该属性特征的属性特征规约；

（3）$Dom_{02} = \{11.00\}$，11.00 是系统行为特征树的根结点，表示 Con_{02} 作用于全部的行为特征；

（4）P = Mid，Mid 是个常量，表示优先级中；

（5）B = 1，需求建模时绑定。

第三，安全性属性特征用五元组 〈03，Con_{03}，Dom_{03}，Mid，1〉 表示，其中：

（1）03 是安全性属性特征的标识符；

（2）Con_{03} 是该属性特征的属性特征规约；

（3）$Dom_{03} = \{i\}$，表示登录系统要求具有安全性；

（4）P = Mid，Mid 是个常量，表示优先级中；

（5）B = 1，需求建模时绑定。

第四，可信性属性特征用五元组 〈04，Con_{04}，Dom_{04}，Max，1〉 表示，其中：

（1）04 是可信性属性特征的标识符；

（2）Con_{04} 是该属性特征的属性特征规约；

（3）$Dom_{03} = \{7.00\}$，7.00 是转账这一交互行为特征的特征树的根结点，表示转账要求可信性；

（4）P = Max，Max 是个常量，表示优先级高；

（5）B = 1，需求建模时绑定。

最后，在属性特征定义的基础上，给出属性特征模型 $M_{P1} = \langle S, D, U \rangle$，其中：

（1）$S = \{01_A, 02, 03\}$；

（2）$D = \{\langle Con_{04}, Con_{03} \rangle\}$，即可信性依赖于安全性；

（3）$U = \{\langle Con_{02}, Con_{03} \rangle\}$，即易用性和安全性互斥。

这样就完成了该系统的属性特征建模。

三、需求模型及其规范化

在行为特征模型和属性特征模型的基础上，需求模型 $M_{10} = \langle M_{B1}, M_{P1} \rangle$；接下来主要考虑需求模型的参照完整性和一致性。

首先，根据算法 4-1 容易判断需求模型满足参照完整性，即满足 1RNF，因

此记需求模型为 M_{11}。

其次，根据算法 4-3 可得 M_{11} 不满足依赖一致性，即不满足 2RNF。接下来，依据算法 4-5 把 M_{11} 转化为满足 2RNF 的需求模型：

（1）对应 $\langle \text{Con}_{04}, \text{Con}_{03} \rangle \in D$，算法 4-5 依据依赖关系的优先级提升规则，把 Con_{03} 对应的属性特征的优先级由 Mid 提升为 Max；

（2）根据算法 4-5，Ran_{03} 的扩大使得对应的属性特征的作用域 Dom_{03} 应扩大为 $\{i, 7.00\}$。

经过以上两步处理，安全性属性特征变为五元组：$\langle 03, \text{Con}_{03}, Dom'_{03}, \text{Max}, 1 \rangle$，其中：$Dom'_{03} = \{i, 7.00\}$，$P = \text{Max}$；其余不变，这样修改后的需求模型记为 M_{12}，M_{12} 就满足 2RNF 了。

最后考虑互斥一致性：依据算法 4-4，需求模型 M_{11} 不满足互斥一致性，即不满足 3RNF。接下来，依据算法 4-6 把 M_{12} 转化到满足 3RNF：

（1）对应 $\langle \text{Con}_{04}, \text{Con}_{03} \rangle \in D$，$\langle \text{Con}_{02}, \text{Con}_{03} \rangle \in U$，算法 4-6 首先依据规则 4-3 把隐藏的互斥关系 $\langle \text{Con}_{02}, \text{Con}_{04} \rangle$ 找出来，使得 $U' = \{\langle \text{Con}_{02}, \text{Con}_{03} \rangle, \langle \text{Con}_{02}, \text{Con}_{04} \rangle\}$；

（2）由于属性特征 02 和 03、04 出现交叠，并且对应的属性特征规约是互斥关系，因此算法 4-6 根据规则 4-4 缩小属性特征 02 对应的作用范围，造成属性特征 02 的作用域的缩小，即 $Dom_{02} = \{o, 3.01\}$，其中 3.01 包含的作用范围为：$\{a, b, x\}$。

经过以上处理，需求模型记为 M_{13}，并且 M_{13} 满足 3RNF。考虑到需求模型中属性特征的作用域已经最简，因此，M_{13} 满足 4RNF。

对于规范化后的需求模型 M_{13}，可以在以下几个方面支持动态演化：第一，需求模型满足参照完整性和一致性，为从需求模型到面向动态演化的体系结构模型转化奠定了基础；第二，需求模型中对易变特征 x 用开项表示，起到了区分易变需求和稳定需求的作用；第三，主动属性特征 01_A 标记了主动行为特征，为行为相关性分析奠定了基础；第四，将来需求改变时，可以通过替换操作 $\sigma_{\{\alpha/\beta\}}$，通过快速改变行为特征模型的特征项来改变需求模型，以适应软件动态演化。

第二节　面向动态演化的体系结构建模

本节将上一节建模的需求模型转化为软件体系结构模型。由于篇幅限制，在体系结构建模中将构件视为原子结构，即不详细建模每一个构件的内部结构。当然，作为示例，有必要从体系结构模型中选择少数典型构件进一步建模其内部结构，因此在体系结构建模之后对短信验证转账构件进行详细建模。

一、体系结构建模

根据上一节的需求建模，得到网银系统的行为特征模型对应的进程项为：$(i \cdot ((((a+b) +x) +7.00) *)) \cdot o$。接下来，依据自顶向下的原则，对网银系统的软件体系结构进行建模。

首先，顶层分解。将软件体系结构分为 3 个构件：登录构件（对应进程项 i）、登出构件（对应进程项 o）和业务处理构件（对应进程项 $(((a+b)+x)+7.00) *$），其中业务处理构件较为复杂，可以看成业务处理子系统，将在下文进一步进行分解。

登录构件和登出构件都很简单，依据变换的原则，可以很容易变换成为对应的 P 型基本构件；业务处理构件的最外层是迭代组合算子 *，根据迭代组合的变换规则，可以将其变换为一个 T 型构件。因此，可以得出系统顶层的体系结构，如图 10-3 所示。

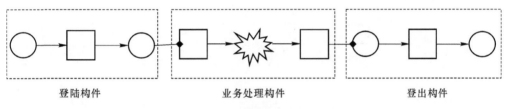

登陆构件　　　　　　　　业务处理构件　　　　　　　登出构件

图 10-3　网银系统顶层体系结构

由图 10-3 可以描述出网银系统的顶层体系结构：$SA = (COM, CON)$，其中 $COM = \{Com_i, Com_p, Com_o\}$，$Com_i$ 表示登录构件，Com_p 表示业务处理构件，Com_o 表示登出构件；$CON = \{Con_{ip}, Con_{po}\}$，$Con_{ip} = (C_{PT}, Com_i.O, Com_p.I)$ 表示该连接件是一个正向弧添加连接件，其源是 Com_i 的输出接口，其槽是 Com_p 的输入接口；$Con_{po} = (C_{TP}, Com_p.O, Com_o.I)$ 表示该连接件是一个逆向弧添加连接件，其源是 Com_p 的输出接口，其槽是 Com_o 的输入接口。

接下来将业务处理构件看成业务处理子系统，进一步对其进行体系结构建模，这也体现了自顶向下逐步求精的思想。

考虑业务处理子系统对应的进程项为 $(((a+b)+x)+7.00) *$，由于选择算子满足结合律和交换律，因此通过公理系统将其变为等价的形式如下：$(a+b+x+7.00) *$。易见，业务处理子系统由 4 个构件选择组合之后，再进行迭代组合。四个构件分别为：账户信息管理构件（对应进程项 a）、余额和历史记录查询构件（对应进程项 b）、代缴电费构件（对应进程项 x）、短信验证转账构件（对应进程标识符 7.00）。接下来，将各个构件当作原子构件给出其体系结构，如图 10-4 所示。

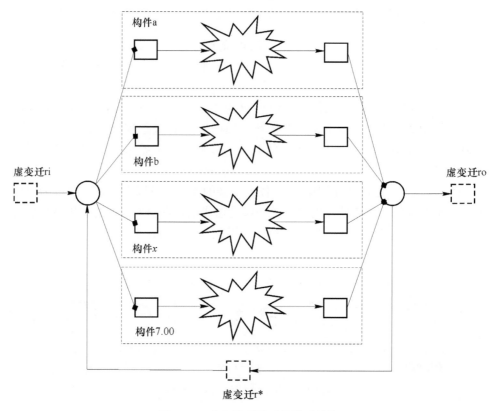

图 10-4　业务处理子系统体系结构

在图 10-4 中，4 个构件选择组合之后再迭代组合，并通过引入虚变迁使之成为一个 T 型构件，这样，业务处理子系统被抽象成为业务处理构件，并与顶层体系结构中的连接件之间保持类型的匹配。图中用虚线表示的变迁为虚变迁，r^* 是迭代虚变迁，ri 是输入虚变迁，ro 是输出虚变迁。

二、构件建模

接下来，为了建模构件的内部详细结构，作为示例，对短信验证转账构件进行较为详细的建模。

短信验证转账构件对应的进程项为：$(t_0 \cdot (t_1 + (t_2 \cdot (t_3 \cdot (t_4 + t_5))))) \parallel_{[C]}$ $((e_0 + e_1) *)$，其中 $C = \{\langle 0.01, t_2, e_0 \rangle, \langle 0.02, t_3, e_1 \rangle\}$。因此，该构件进一步细分为 2 个子构件：转账构件（对应进程项为 $t_0 \cdot (t_1 + (t_2 \cdot (t_3 \cdot (t_4 + t_5))))))$）和验证构件（对应进程项为 $(e_0 + e_1) *$），并通过 2 个子构件的并行组合和交互构成父构件。

首先，将子构件当成原子构件，即构件 Com 表示为 $\text{Com} = \text{Com}_1 \parallel_{[C]} \text{Com}_2$，

其中 Com_1 对应进程项为 $t_0 \cdot (t_1 + (t_2 \cdot (t_3 \cdot (t_4 + t_5)))))$，$Com_2$ 对应进程项为 $(e_0 + e_1) *$。建模短信验证转账构件的框架，如图 10-5 所示。

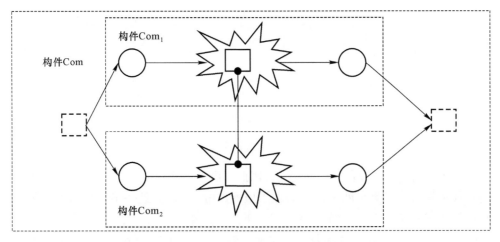

图 10-5　短信验证转账构件的框架

接下来，详细建模转账子构件的内部结构，即框架中的构件 Com_1 的内部结构。Com_1 对应进程项为 $t_0 \cdot (t_1 + (t_2 \cdot (t_3 \cdot (t_4 + t_5)))))$，根据变换规则可以得到其内部结构，如图 10-6 所示，由于 t_0 是主动特征，因此变换得到主动库所 p_1。

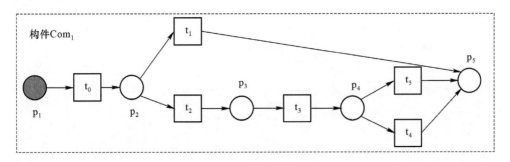

图 10-6　转账子构件

进一步，给出转账子构件的形式化定义，$Com_1 = (P_1, T_1; F_1; E_1, A_1, I_1, O_1, C_1, S_1)$，其中：$P_1 = \{p_1, p_2, p_3, p_4, p_5\}$；$T_1 = \{t_0, t_1, t_2, t_3, t_4, t_5\}$；$F_1 = \{(p_1, t_0), (t_0, p_2), (p_2, t_1), (p_2, t_2), (t_1, p_5), (t_2, p_3), (p_3, t_3), (t_3, p_4), (p_4, t_4), (p_4, t_5), (t_4, p_5), (t_5, p_5)\}$；$E_1 = \varnothing$；$A_1 = \{p_1\}$；$I_1 = \{p_1\}$；$O_1 = \{p_5\}$；$C_1 = \{t_2, t_3\}$；$S_1 = t_0 \cdot (t_1 + (t_2 \cdot (t_3 \cdot (t_4 + t_5)))))$。

接下来，详细建模验证子构件的内部结构，即框架中的构件 Com_2 的内部结构。Com_2 对应进程项为 $(e_0 + e_1) *$，根据变换规则可以得到其内部结构，如图 10-7 所示。

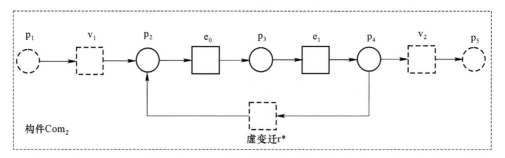

图 10-7　验证子构件

由于 p_2 和 p_4 不符合接口的定义，因此，添加虚变迁 v_1 和 v_2，进一步，为了与框架中保持接口类型匹配，又添加了虚库所 p_1 和 p_5。进一步，给出验证子构件的形式化定义，$Com_2 = (P_2, T_2; F_2; E_2, A_2, I_2, O_2, C_2, S_2)$，其中：$P_2 = \{p_1, p_2, p_3, p_4, p_5\}$；$T_2 = \{e_0, e_1, v_1, v_2, r*\}$；$F_1 = \{(p_1, v_1), (v_1, p_2), (p_2, e_0), (e_0, p_3), (p_3, e_1), (e_1, p_4), (p_4, v_2), (v_2, p_5), (p_4, r*), (r*, p_2)\}$；$E_1 = \varnothing$；$A_1 = \varnothing$；$I_1 = \{p_1\}$；$O_1 = \{p_5\}$；$C_1 = \{e_0, e_1\}$；$S_1 = (e_0 + e_1) *$。

在此基础上，最后，给出短信验证转账构件的详细结构，如图 10-8 所示。

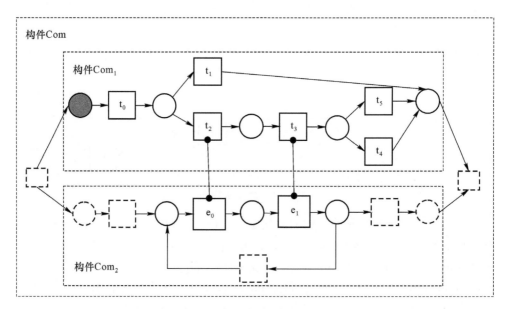

图 10-8　短信验证转账构件

在图 10-8 中，构件 Com_1 的端口 t_2 和构件 Com_2 的端口 e_0 通过变迁融合连接子连接，类似地，构件 Com_1 的端口 t_3 和构件 Com_2 的端口 e_1 通过变迁融合连接子连接；两个子构件复合成为父构件 Com（短信验证转账构件）。

第三节　动态演化实施分析

本节以简化的网银系统中的易变特征代缴电费为例，对软件动态演化实施中的相关性分析和一致性保持等问题进行案例研究。

限于篇幅，不再对该特征进行详细的需求建模，而是直接给出代缴电费子系统的体系结构描述和构件表示。代缴电费子系统涉及将用户账户上的金额转入电力营销商的账户上的行为，因此可复用转账子系统中的相应构件。因此，代缴电费子系统可以包含以下 4 个构件：缴费预处理构件、短信验证构件、缴费实施构件、转账构件。代缴电费子系统的体系结构如图 10-9 所示。

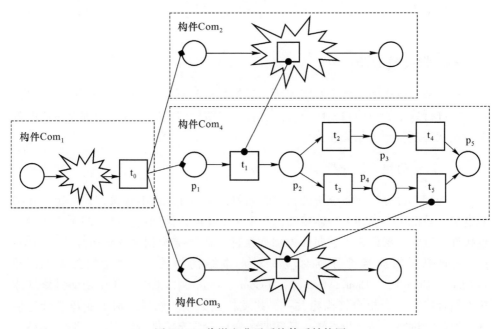

图 10-9　代缴电费子系统体系结构图

由图 10-9 可以描述出代缴电费子系统的顶层体系结构：SA =（COM，CON），其中 COM = $\{Com_1,\ Com_2,\ Com_3,\ Com_4\}$，$Com_1$ 表示缴费预处理构件，Com_2 表示短信验证构件，Com_3 表示转账构件，Com_4 表示缴费实施构件；CON = $\{Con_{12},\ Con_{13},\ Con_{14},\ Con_{24},\ Con_{43}\}$，$Con_{12}$ =（C_{TP}，$Com_1.\,O$，$Com_2.\,I$）表示该连接件是一个逆向弧添加连接件，其源是 Com_1 的输出接口，其槽是 Com_2 的输入接口；Con_{13} =（C_{TP}，$Com_1.\,O$，$Com_3.\,I$）表示该连接件是个逆向弧添加连接件，

其源是 Com_1 的输出接口，其槽是 Com_3 的输入接口；$Con_{14} = (C_{TP}, Com_1. O,$ $Com_4. I)$ 表示该连接件是一个逆向弧添加连接件，其源是 Com_1 的输出接口，其槽是 Com_4 的输入接口；$Con_{24} = (C_T, Com_2. t_a, Com_4. t_1)$ 表示该连接件是一个变迁融合连接件，其源是 Com_2 的内部变迁 t_a，其槽是 Com_4 的变迁 t_1；$Con_{34} = (C_T, Com_3. t_b, Com_4. t_5)$ 表示该连接件是一个变迁融合连接件，其源是 Com_3 的内部变迁 t_b，其槽是 Com_4 的变迁 t_5。

图中对于 Com_1、Com_2、Com_3 只给出抽象的表示，Com_4 给出了其内部结构，其中：变迁 t_1 表示验证操作，变迁 t_2 表示验证失败，变迁 t_3 表示验证成功；变迁 t_4 表示取消操作，变迁 t_5 表示执行操作。进一步，给出缴费实施构件 Com_4 的形式化定义，$Com_4 = (P_4, T_4; F_4; E_4, A_4, I_4, O_4, C_4, S_4)$，其中：$P_4 = \{p_1, p_2, p_3, p_4, p_5\}$；$T_4 = \{t_1, t_2, t_3, t_4, t_5\}$；$F_4 = \{(p_1, t_1), (t_1, p_2), (p_2, t_2), (p_2, t_3), (t_2, p_3), (t_3, p_4), (p_3, t_4), (p_4, t_5), (t_4, p_5), (t_5, p_5)\}$；$E_4 = \varnothing$；$A_4 = \varnothing$；$I_4 = \{p_1\}$；$O_4 = \{p_5\}$；$C_4 = \{t_1, t_5\}$；$S_4 = t_1 \cdot (t_2 \cdot t_4 + t_3 \cdot t_5)$。

一、相关性分析

接下来，以代缴电费子系统为例，对构件进行面向动态演化的相关性分析。首先，进行静态的结构相关性分析；然后，在结构相关性分析的基础上，选取若干典型状态进行行为相关性分析。

（一）结构相关性分析

结构相关性分析与系统所处的状态无关，由构件之间的连接方式决定。在代缴电费子系统中，存在 5 个连接件，其中 3 个逆向弧添加连接件，两个变迁融合连接件。首先，考虑 3 个逆向弧添加连接件，通过结构相关性分析算法，易知：3 个逆向弧添加连接件分别对应 3 对基本结构相关——触发相关关系，即 $\{(Com_1, Com_2), (Com_1, Com_3), (Com_1, Com_4)\}$，同时，3 个逆向弧添加连接件组合成为一个组合结构相关——并发相关关系。然后，两个变迁融合连接件，通过结构相关性分析算法，易知两个变迁融合连接件分别对应 2 对基本结构相关——一致相关关系，即 $\{(Com_4, Com_3), (Com_2, Com_4)\}$，同时，考虑一致相关在结构上的部分传递性，由次序关系可得：$t_1 \leqslant t_5$，因此，构件 Com_3 不会影响到构件 Com_2，但构件 Com_2 可能会影响到构件 Com_3，至于到底是否影响到（即行为相关与否），还取决于所处的状态。

在识别以上相关性的基础上，接下来，给出构件的结构相关性分析结果。

（1）驱动构件 Com_1 进入静止态，由于在代缴电费子系统中，3 个被触发构件都不存在其他的触发构件，因此与触发构件 Com_1 结构相关的构件集合为：

{Com$_4$, Com$_2$, Com$_3$}。

（2）驱动构件 Com$_2$ 进入静止态，首先，考虑触发相关，由于触发相关是单向的，因此被触发构件不会对触发构件造成制约；其次，考虑一致相关（Com$_4$）及其部分传递性（Com$_3$），由于 $t_1 \leqslant t_5$，因此，得出与 Com$_2$ 结构相关的构件集合为{Com$_3$, Com$_4$}。

（3）驱动构件 Com$_3$ 进入静止态，首先，考虑触发相关，由于触发相关是单向的，因此被触发构件不会对触发构件造成制约；其次，考虑一致相关（Com$_4$）及其部分传递性（Com$_2$），由于 $t_1 \leqslant t_5$，因此，得出与 Com$_2$ 结构相关的构件集合为{Com$_4$}。

（4）驱动构件 Com$_4$ 进入静止态，首先，考虑触发相关，由于触发相关是单向的，因此被触发构件不会对触发构件造成制约；其次，考虑一致相关得出与 Com$_2$ 结构相关的构件集合为{Com$_2$, Com$_3$}。

（二）行为相关性分析

接下来，在结构相关性分析的基础上，选取 3 个典型状态，进行行为相关性分析，以示行为相关性不仅与结构相关性有关，还与所处的状态相关。

第一种情况，状态 1 如图 10-10 所示，即 M$_1$ 为：{p$_1$ = 1, p$_6$ = 1, p$_7$ = 1}。驱动构件 Com$_2$ 进入静止态，由上一小节可知：与 Com$_2$ 结构相关的构件集合为：{Com$_3$, Com$_4$}。

接下来，考虑在状态 M$_1$ 下，Com$_3$ 和 Com$_4$ 是否属于构件 Com$_2$ 的行为相关构件集合：对于 Com$_4$，易知变迁 t_1 将导致一致相关延迟，因此，Com$_4$ 属于构件 Com$_2$ 的行为相关构件集合；对于 Com$_3$，由于 $t_1 \leqslant t_5$，t_1 的延迟将导致 t_5 的延迟，进而导致构件 Com$_3$ 的延迟，可见，Com$_3$ 也属于构件 Com$_2$ 的行为相关构件集合。

因此，在状态 M$_1$ 下，Com$_2$ 的行为相关构件集合为{Com$_3$, Com$_4$}。

第二种情况，考虑状态 2，其体系结构状态如图 10-11 所示，即 M$_2$ 为{p$_4$ = 1, p$_8$ = 1, p$_7$ = 1}。

接下来，考虑在状态 M$_2$ 下，驱动构件 Com$_2$ 进入静止态的行为相关构件集合。对于 Com$_4$，易知变迁 t_1 将不会导致一致相关延迟，因此，Com$_4$ 不属于构件 Com$_2$ 的行为相关构件集合；对于 Com$_3$，虽然 $t_1 \leqslant t_5$，但 p$_4$ 中已经有托肯，因此，t_5 的执行不会受到影响，进而构件 Com$_3$ 也不会有延迟，可见，Com$_3$ 也不属于构件 Com$_2$ 的行为相关构件集合。

因此，在状态 M$_2$ 下，Com$_2$ 的行为相关构件集合为 $\varnothing$。

第三种情况，考虑状态 3，其体系结构状态如图 10-12 所示，即 M$_3$ 为{p$_1$ = 1, p$_4$ = 1, p$_6$ = 1, p$_7$ = 1}。

进一步，考虑在状态 M$_3$ 下，驱动构件 Com$_2$ 进入静止态的行为相关构件集

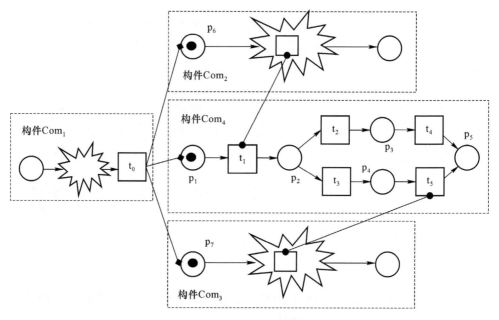

图 10-10　代缴电费子系统状态 1

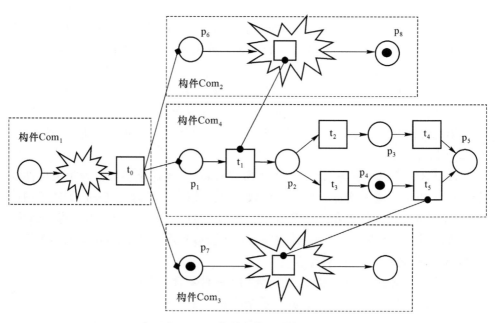

图 10-11　代缴电费子系统状态 2

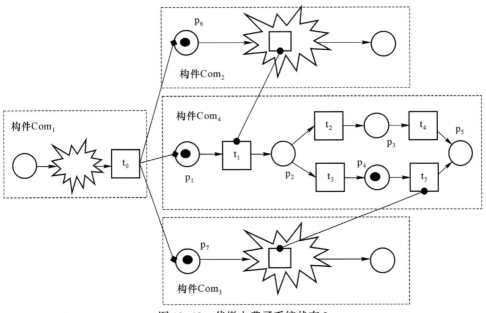

图10-12 代缴电费子系统状态3

合。对于 Com_4，易知变迁 t_1 将导致一致相关延迟，因此，Com_4 属于构件 Com_2 的行为相关构件集合；对于 Com_3，虽然 $t_1 \leqslant t_5$，但 p_4 中已经有托肯，因此，t_5 的执行不会受到影响，进而构件 Com_3 也不会有延迟，可见，Com_3 不属于构件 Com_2 的行为相关构件集合。

因此，在状态 M_3 下，Com_2 的行为相关构件集合为 $\{Com_4\}$。

可见，构件之间的行为相关不仅与结构相关相联系，还取决于系统所处的状态。而且，结构相关是行为相关的前提条件，即行为相关必定结构相关，但结构相关不一定行为相关。

二、一致性保持

对于一致性保持，本节在网银系统中的代缴电费子系统的基础上，选择其中的构件 Com_4，作为动态演化一致性保持的案例研究对象。与前文一致，本节中的一致性保持也先考虑内部一致性的保持，再考虑外部一致性保持。

（一）内部一致性保持

内部一致性保持与构件所处的状态相关，因此，首先给出动态演化之前的构件及其所处的状态，如图10-13所示，其状态 M_0 为 $\{p_2 = 1\}$。

假设有两种对该构件实施动态演化的方案，其对应的构件结构和状态分别如图10-14和图10-15所示。

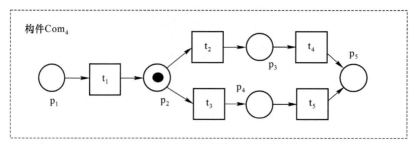

图 10-13　动态演化之前的构件及其状态

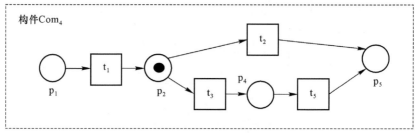

图 10-14　动态演化实施方案 1

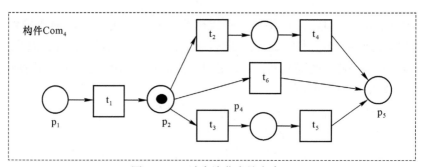

图 10-15　动态演化实施方案 2

　　在判断是否保持内部一致性之前，给出演化之前以及两种演化实施方案的行为图，如图 10-16 所示。

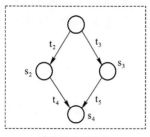

演化前的行为图

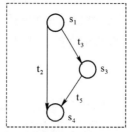

方案1的行为图

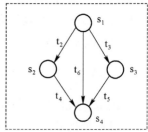

方案2的行为图

图 10-16　内部一致性对应的三个行为图

由图10-16易知，动态演化实施的方案2在对应状态下可以强模拟演化之前的构件所处的状态，而方案1则无法强模拟演化之前的构件所处的状态。因此，方案1不能保证保持内部一致性，而方案2保持了内部一致性。

（二）外部一致性保持

外部一致性保持以构件对依赖规约的弱模拟关系为判断标准，因此，需要首先讨论构件的依赖规约的行为图。构件 Com_4 的依赖规约为：$S_4 = t_1 \cdot (t_2 \cdot t_4 + t_3 \cdot t_5)$，易知演化前的构件 Com_4 的实现满足对依赖规约的弱模拟关系，如图10-17所示。

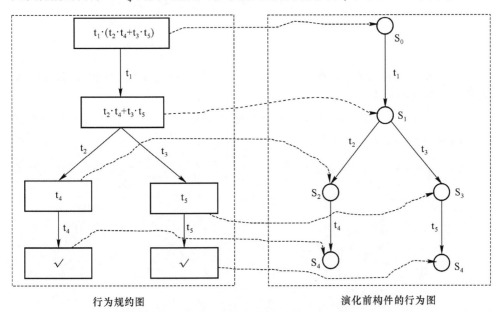

图 10-17　演化前的构件对依赖规约的弱模拟关系

类似地，假设有2种对该构件实施动态演化的方案，其对应的构件结构和初始输入状态分别如图10-18和图10-19所示。

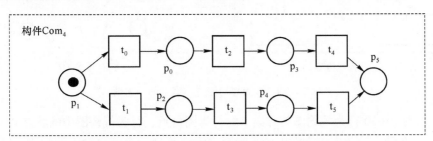

图 10-18　动态演化实施方案1及其初始输入状态

第一种动态演化实施方案将原变迁 t_1 演化为两个对应变迁 t_0 和 t_1，在库所

p_1 处进行选择，若选择变迁 t_0，接着将执行变迁 t_2 和 t_4；若选择变迁 t_1，接着将执行变迁 t_3 和 t_5。

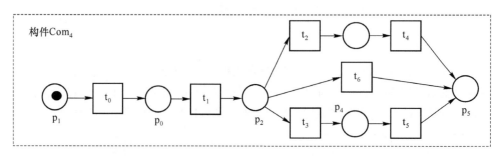

图 10-19　动态演化实施方案 2 及其初始输入状态

　　第二种动态演化实施方案在原变迁 t_1 之前添加对应变迁 t_0，同时，在库所 p_2 处添加一个选择分支 t_6。

　　首先，考虑第一种动态演化实施方案是否满足外部一致性，其行为规约图和行为图如图 10-20 所示。

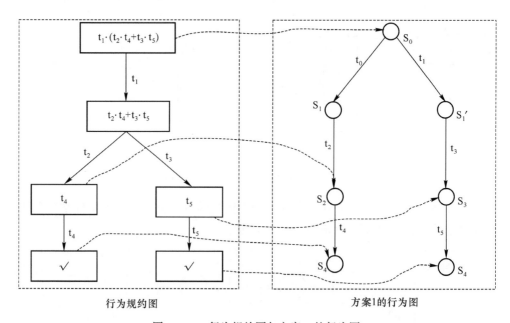

图 10-20　行为规约图与方案 1 的行为图

　　由图 10-20 行为规约图与方案 1 的行为图可见，行为规约图中的状态 $t_2 \cdot t_4 + t_3 \cdot t_5$，在动态演化实施方案 1 的行为图中无法找到一个与之对应的状态，因此，方案 1 的行为图无法弱模拟行为规约图，即动态演化实施方案 1 无法保证外部一致性得到保持。

　　实际上，反过来，行为规约图是可以弱模拟方案1的行为图，因为无论方案1的行为图中 s_1 或是 s'_1，都可以用规约图中的状态 $t_2 \cdot t_4 + t_3 \cdot t_5$ 来与之对应，可见，行为规约图的行为模式较方案1的行为模式更为丰富。原因在于规约图中的状态 $t_2 \cdot t_4 + t_3 \cdot t_5$ 还具有选择的行为，而方案1中，无论是 s_1 或是 s'_1，都已失去了选择的行为。

　　接着，考虑第二种动态演化实施方案是否满足外部一致性，其行为规约图和行为图如图10-21所示。

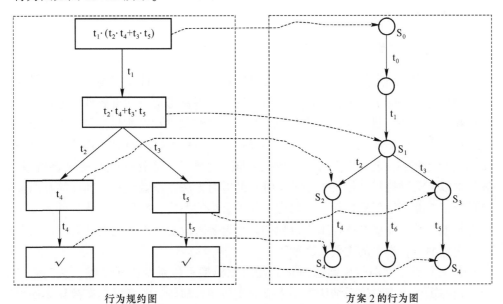

行为规约图　　　　　　　　　　　方案2的行为图

图10-21　行为规约图与方案2的行为图

　　由图10-21行为规约图与方案2的行为图可见，在方案2的行为图中，一方面，状态 s_0 必须先执行 t_0，但由于变迁 t_0 将被抽象为特殊事件 τ，即作为外部不可观察的行为变迁，因此，t_0 的存在不会使得弱模拟关系受到破坏；另一方面，状态 s_1 多了一个选择分支 t_6，同样，这是对行为模式的丰富，也不会使得弱模拟关系受到破坏。可见，方案2的行为图对依赖规约图满足弱模拟关系。因此，动态演化实施方案2保持了外部一致性。

三、小结

　　本章通过对一个简化的网银系统进行案例研究，首先，对网银系统进行了面向动态演化的需求建模；然后，建立了该系统的体系结构模型，并选取了典型构件，对构件内部结构进行了较为详细的描述；在此基础上，选取一个子系统进行动态演化实施分析，包括相关性分析和一致性保持。通过本案例研究，检验了所提出的模型和方法的合理性和有效性。

第十一章 结 语

本章对全书的内容进行回顾，总结本书的主要贡献；并在此基础上，进一步指出未来工作的方向。

一、主要研究总结

本书首先对新形势下的软件自动化进行讨论，并在软件发展构件化、软件演化动态化等趋势的引导下，得出"软件动态演化在新形势下的重要性和迫切性更加凸显"的论断。进一步，考虑到进展现状：围绕软件动态演化，目前仍然没有一个被普遍接受的演化解决方案，仍然存在着一系列不得不面对的挑战，本书总结出"行为相关性问题""内部一致性问题""外部一致性问题"等关键挑战，并针对以上关键挑战，提出了一种系统性的应对方法。作者认为，动态演化所面临的挑战并非可以孤立地从一个角度去寻求解决的办法，而是需要从软件的整个生命周期着手，需要在软件工程过程的几个重要阶段对动态演化提供支持。

具体而言，本书的主要贡献如下：

（1）设计了面向软件动态演化的需求元模型和体系结构元模型。该问题涉及如何在需求模型和体系结构模型中显式支持动态演化。考虑到动态演化本质上是需求驱动的，因此从演化的源头入手，提出从需求工程阶段起就支持动态演化的方法，在需求建模中对动态演化提供支持。以特征为基本部件，将特征分为行为特征和属性特征；以 ACP 中的进程项建模行为特征，以一阶谓词建模属性特征，属性特征通过其作用域，指定其在行为特征模型中的作用范围，从而将行为特征模型和属性特征模型统一为需求模型。通过在需求建模时区分稳定需求和易变需求，为将来的动态演化提供便利；通过标识主动特征和被动特征，为行为相关性分析做铺垫；通过将内部计算和外部交互的相对隔离，为一致性保持的分而治之策略奠定基础。进一步，需求建模中对动态演化的支持，在体系结构模型中得到了延续。设计的面向动态演化的体系结构元模型包括两个视图：静态视图和动态视图。其中，静态视图描述了软件系统的静态结构，它继承了传统的体系结构描述方法，其基本部件包括构件和连接件；进一步，构件由基本构件和复合构件组成，它们都是一个 Petri 网的网结构，基本构件通过连接件的组合可以复合成为颗粒度更大的复合构件；与此同时，连接件包含四种基本的连接方式：库所融合、变迁融合、正向弧添加、逆向弧添加。动态视图建立在静态视图的基础上，静态视图的网结构加上标识构成的网系统描述了体系结构的动态行为：一方面，其中变迁的发生（即点火）使得体系结构的状态不断变化，从一个格局转变到另一个格局，此外，格局的变化还可能是由需求的变化直接驱动的（区别于由变迁的点火导致的格局变化）；另一方面，由于动态演化的需求，体系结构模型的结构也会相应变化，表现在构件的变化以及构件间的关系（即连接件）的变化，两种变化都会促使体系结构的演化。所建立的需求模型和体系结构模型都能有效支持软件动态演化。

（2）基于设计的元模型，解决了面向软件动态演化的模型变换问题。需求模型向体系结构模型变换，首先对需求模型进行规范化，以便于变换；然后，提出模型变换的依据；最后设计基本部件和组合部件的变换规则。归纳起来，本书采用 3 个步骤的方法，解决了面向软件动态演化的模型变换问题：1）需求模型的规范化。采用分而治之的策略，将需求模型的规范化分为行为特征模型的规范化和属性特征模型的规范化。行为特征模型的规范化主要是对行为特征对应的进程项的规范化，通过设计行为特征的特征项规范形，引入 ACP 的公理系统、基于等式变换，将满足行为特征规范化建模规则的行为特征转化为规范形，并通过结构归纳法证明满足规范化建模的行为特征项都可以通过公理系统规范化成为规范形。对于属性特征模型，通过设定不同级别的规范化标准，讨论了需求模型的参照完整性、依赖完整性和互斥完整性，将其规范化为不同程度的范式，并设计从低级别范式转化到高级别范式的算法。2）模型变换的依据。考虑到本书提出的需求元模型和体系结构元模型都是从行为的视角进行阐述的，因此在模型变换的过程中，需要保证变换得到的体系结构模型与需求模型在行为上的一致性。由于需求元模型是以 ACP 风格的进程代数为基础来描述的，而体系结构元模型建立在扩展的Petri 基础之上，因此，在定义需求模型中的事件行为和体系结构模型中的变迁行为的基础上，通过在事件行为和变迁行为之间建立映射关系，从而为模型变换提供了依据，同时，也为需求模型和体系结构模型之间的可追踪性奠定了基础。3）部件的变换。首先，基本部件的变换。将需求模型中的基本部件，包括基本的稳定特征、易变特征、主动特征和被动特征，分别对应变换为体系结构模型中的基本的稳定构件、易变构件、含主动库所的构件和不含主动库所的构件。其次，组合部件的变换。将需求模型中的部件组合方式，包括顺序组合、选择组合、迭代组合、并行组合、抽象操作、细化操作、封装操作等，分别对应为体系结构模型中由四类基本连接子的构成的 Petri 网组装方式所对应的连接件。最后，通过对变换得到的体系结构的性质进行要求和约束，来保证变换得到的体系结构的结构性质。

（3）提出了面向软件动态演化的行为管程机制。本书提出的行为管程是对传统管程和开发管程等概念的进一步发展，以一系列的服务形式提供，是对动态演化的实施提供的支持机制。行为管程是一类特殊的服务，该类服务针对软件系统的行为和软件动态演化的实施而提供可靠的普适性支撑服务，普适性支撑服务主要包括对行为的管理、监控和实施动态演化的基本操作等，同时，对托肯进行带目标的扩展以增加信息量和方便管理，具体如下：1）托肯的带目标扩展，将主动库所产生的托肯定义为带目标的托肯。引入带目标的托肯有两方面的好处：一方面，便于实现同时便于管理，只需在对应的数据结构中增加几个字段；另一方面，引入带目标的托肯仅仅增加了托肯的信息量，而不会对 Petri 网的点火机制产生影响，既带目标的托肯与经典的托肯是相容的。2）管理服务。动态演化的复杂性，无论是行为相关性问题，或者是一致性问题，都与系统的行为关系紧密。因此，提供的管理服务主要针对系统的行为而言。进一步，由于体系结构由扩展的 Petri 网所描述，因此，对行为的管理服务进一步具体化为对 Petri 网行为的管理，具体包括对托肯的管理、对变迁的管理、对主动库所和被动库所的管理等。其中，对主动库所的管理是一个关键点，因此，引入了主动库所的能力集这一概念，用于描述主动库所能产生的有限托肯的集合。3）监控服务。监控服务与管理服务类似，其主要监控对象也是系统的行为。监控服务和管理服务共同为演化操作服务提供支持。具体的监控服务包括监视和控制两个方面，其中监视服务包括构件的状态监视、托肯的目标可达性监视等，控制服务包括构件的互斥控制、构件的执行顺序控制、构件的状态控制等。4）演化操作服务。在前两类服务的基础上，演化操作服务提供基本的实施动态演化的各种操作，包括连接件的添加操作、连接件的删除操作、连接件的替换操作、构件的添加操作、构件的删除操作、构件的替换操作等。

（4）基于行为管程机制，提出了构件之间相关性分析方法。本部分对相关性分析的方法源于需求模型中对相关性的管理，基于扩展 Petri 网的软件体系结构的形式化定义，以行为管程为支撑，提出了三个层面的相关性分析，且这三个层面是层层递进的关系：首先分析构件之间的结构相关性，进一步，结构相关性又分为基本结构相关性和复合结构相关性；然后，在结构相关性分析的基础上，分析封闭系统的构件行为相关性；最后，对开放系统的行为相关性进行分析。其中，对封闭系统和开放系统的相关性分析和管理方法，来源于需求建模中对主动需求的区分，以及在体系结构建模中对主动元素的分类建模。具体而言，本部分工作内容包含：1）相关性分类。结构相关性是一种静态的相关性，由构件之间的连接方式决定；行为相关性是一种动态的相关性，由结构相关性和软件系统所处的状态共同决定。结构相关性是行为相关性的前提条件，展示了构件之间具有相关的能力；行为相关性是具有相关的能力的构件在特定状态下表现出的一种行为上相互制约和影响的相关。2）进一步，结构相关性包括基本结构相关性和复合结构相关性，其中复合结构相关性由基本结构相关性组合而成。基本结构相关性由连接件的类型和连接方式决定。在四种基本的连接件类型中，变迁融合连接件的两端都是变迁（对应的变迁即前文定义的端口）。其他三种基本的连接件类型，需要分别考虑其源和槽的类型。所谓类型，包括两个方面：其一，是库所还是变迁；其二，是输入接口还是输出接口。按照以上思路，分析几类基本相关性：一致相关、控制相关、触发相关、竞争相关、冗余相关等。而当有多个连接件共同作用于一组构件的时候，这组构件之间的相关性是多种基本结构相关性的组合，即复合结构相关性，包括交互相关、同步相关、并发相关、选择相关等。3）行为相关性的部分传递性处理。由于行为相关性不仅与结构相关，还与所处的状态相关，因此行为相关性在某些结构与状态下呈现出传递性，在另一些结构和状态下不具有传递性，所以须先对行为相关性的部分传递性进行讨论。关于部分传递性，采取两个步骤进行处理：第一，按完全的传递性进行处理，求出行为相关的传递闭包；第二，依次处理传递闭包中的各对相关关系，判断它们之间是否确实是行为相关的，在判断过程中涉及各个交互端口的次序问题（对于一个不包含循环结构的构件，其内部的多个端口的行为先后关系，构成构件的端口集合上的行为偏序关系）。4）行为相关性以结构相关性为基础，为了确定行为相关构件集合，需要判断其他构件是否会因待演化构件的静止而导致延迟。除却结构方面的因素，还考虑了两个因素：第一，相关构件内部的托肯；第二，相关构件的主动库所的能力集。最后给出了行为相关性的分析算法。

（5）基于行为管程机制，提出了动态演化实施的一致性保持标准。一致性保持是保证动态演化实施的可靠性的重要条件。由于在需求模型中对"内部计算"和"外部交互"进行了相对的隔离，因此，可以在行为管程的支持下，以分而治之的策略来保证动态演化实施的一致性：将一致性保持分为"内部一致性保持"和"外部一致性保持"，其中内部一致性保持还必须考虑构件的状态迁移问题。具体而言，本部分工作内容主要包括：1）内部一致性保持。内部一致性保持与构件所处的状态相关，是针对构件在特定状态下及其后续行为而言的。关于如何保持内部一致性，目前尚缺乏被普遍接受的标准。本书从行为的角度，提出保持内部一致性的标准：针对一个构件的某一特定状态，要保持该构件的内部一致性，要求演化之后的构件从该特定状态开始的行为，必须能够包含演化之前的构件从该特定状态开始的行为，即演化后的构件从该状态开始的行为模式至少跟演化前的构件的行为模式一样丰富；并进一步借助进程代数理论中的强模拟关系来刻画这一标准。2）外部一致性保持。外部一致性保持涉及目标构件与其他构件之间的交互与协同问题。其他构件通过目标构件的"依赖规约"来实现与目标构件的交互与协同。因此，外部一致性保持可以进一步分为两类：一类是目标构件的"依赖规约"不变，但内部结构发生变化；另一类是目标构件的"依赖规约"和内部结构都发生了变化。关于如何保持外部一致性的标准：对于前者，要求演化后的构件行为能满足依赖规约的要求；对于后者，进一步要求变化后的依赖规约满足构件的交互需求。从行为的角度，与内部一致性不同的是，外部一致性的保持是从构件外部对目标构件进行观察的，因此，可以忽略"依赖规约"没有涉及的构件内部的行为。与内部一致性保持类似，外部一致性保持进一步借助进程代数理论中的观察模拟关系来刻画这一标准。

总而言之，本书采用以通信进程代数 ACP 为主形式化方法建立面向软件动态演化的需求模型，以扩展的 Petri 网为主形式化方法建立对应的软件体系结构模型，以行为等价为准则保证两类模型的可追踪性，从而提高了所建立的软件模型的动态演化性；在此基础上，基于提出的行为管程机制，着重解决了软件动态演化实施过程中的构件相关性分析和一致性保持两大问题，进而为保证软件动态演化实施的可靠性奠定了基础。

二、未来展望

为了提高软件模型的动态演化性，进而提高软件动态演化实施的可操作性和可靠性，本书提出了一种系统的应对方法，不仅建立了面向动态演化的需求元模型和体系结构元模型，而且提出了面向动态演化的行为管程机制，并着重解决了软件动态演化实施过程中的构件相关性分析和一致性保持两大问题。但是，研究工作尚未结束。

软件动态演化的实施离不开计算机辅助工具的支持。本书虽然在理论层面上提出了面向动态演化的软件模型，提出了支持动态演化的行为管程机制，设计了相关性分析的算法，提出了一致性保持的标准，但是还缺乏计算机辅助工具的支持。因此，提供和开发支持软件动态演化实施的计算机辅助工具，对软件动态演化的实施进行支持、分析和仿真，将是一件非常有意义的事情。

此外，下一步的研究工作还将紧密结合云计算，研究云计算环境下的软件动态演化的相关问题。云计算的飞速发展，使得软件面临环境产生了较大的变化：从传统的相对静态、封闭、可控的环境，演变为云计算环境下更加开放、动态和多变的环境。软件面临环境的这种变化，一方面，造成了传统的软件理论、方法和技术在处理云计算环境下的软件时，将不得不面对一系列的困难与挑战；另一方面，新的环境为解决传统环境中难以解决的某些问题，提供了在传统环境中无法提供的有力支持和新的解决思路，同时为研究新的软件理论、方法和技术提供了难得的机遇。考虑到在云计算这一新环境下，大量的软件已经以 SaaS 的形式存在，而 SaaS 软件通常以 PaaS 平台为支撑，若能在 PaaS 平台中显式提供支持动态演化的机制，将为普遍存在的 SaaS 软件的动态演化实施奠定坚实的基础，可见，云计算的新环境为解决动态演化提供了在传统环境中无法提供的有力支持和新的解决思路。此外，由于目前基于 PaaS 平台的动态演化技术尚未成熟，因此，在 PaaS 平台中提供支持动态演化的机制，在目前的形势下仍是一个很好的研究方向。

参 考 文 献

［1］ Acemoglu D. Evolution of Perceptions and Play ［D］. Mimeo：MIT, 2001.

［2］ Ghoneim A, Cazzola W. RAMSES：a Reflective Middleware of Software Evolution ［J］. RAM-SE, 2004：21-26.

［3］ Armstrong W W. Dependency Structure of Database Relationships ［C］//Proc IFIP Congress, Amsterdam, 1974：580-583.

［4］ Bakker J W D, Zucker J I. Processes and the denotational semantics of concurrency ［J］. Information and Control, 1982, 54 (1/2)：70-120.

［5］ Boehm B. Engineering context (for software architecture), invited talk ［C］// I Garlan D, ed. Proceedings of the 1st International Workshop on Architecture for Software Systems Seattle. New York：ACM Press, 1995：1-8.

［6］ Bass L, Clements P, Kazman R. Software architecture in practice ［M］. Addison Wesley Longman, 1998.

［7］ Belady L A, Lehman M M. A Model of Large Program Development ［J］. IBM SYST J, 1976, 15 (3)：225-252.

［8］ Bekić H. Towards a mathematical theory of processes ［R］. Technical Report TR 25.125, IBM Laboratory Vienna, 1971.

［9］ Bennett K, Rajlich V. Software maintenance and evolution：a roadmap ［C］// International Conference on Software Engineering, Proceedings of the Conference on the Future of Software Engineering, Limerick, Ireland, 2000：73-87.

［10］ Bergstra J A, Klop J W. Process algebra for synchronous communication ［J］. Information and Control, 1984, 60 (1/3)：109-137.

［11］ Bergstra J A, Bethke I, Ponse A. Process Algebra with Iteration and Nesting ［J］. The Computer Journal, 1994, 37 (4)：241-258.

［12］ Berry G, Boudol G. The chemical abstract machine ［J］. Theoretical Computer Science, 96：217-248, 1992.

［13］ Bianchi A, Caivano D, Marengo V, et al. Iterative reengineering of legacy systems ［J］. IEEE Transactions on Software Engineering, 2003, 29 (3)：225-241.

［14］ Bruneton E, Coupaye T, Leclercq M, et al. An open component model and its support in Java ［C］//Proceeding of the International Symposium on Component-Based Software Engineering. Ddinburgh, 2004：7-22.

［15］ Hoare C A R. An Axiomatic Basis for Computer Programming ［J］. Communications of the ACM, 1969, 12 (10)：576-580.

［16］ Christina Hoffa, Gaurang Mehta, Tim Freeman. On the Use of Cloud Computing for Scientific Workflows ［C］//Proceedings of the 2008 Fourth IEEE International Conference on eScience. Washington, USA, 2008：640-645.

［17］ Claude Girault, et al. Petri Nets for Systems Engineering：A Guide to Modeling, Verification, and Applications ［M］. Berlin：Springer-Verlag, 2003.

[18] Cook S, Harrison R, Lehman M, et al. Evolution in software systems: foundations of the SPE classification scheme [J]. Journal of SoftwareM aintenance and Evolution Research and Practice, 2006, 18 (1): 1-35.

[19] Coulson G, et al. The design of a highly configurable and reconfigurable middleware platform [J]. ACM Distributed Computing, 2002, 15 (2): 109-126.

[20] A. M. Davis. The Design of a Family of Application-Oriented Requirements Languages [J]. Computer, 1982, 15 (5): 21-28.

[21] Dmitriev M. Safe Class Applications and Data Evolution in Large and Long-lived Java [D]. Ph. D. thesis, University of Glasgow, 2001.

[22] Eduardo Sanchez, Senior Member, Jacques-olivier Haenni, et al. Static and dynamic configurable systems [J]. IEEE Transactions on Computers, 1999 (48): 556-564.

[23] Garlan D, Shaw M. An introduction to software architecture [J]// I Ambriola V, Tortora G, eds. Advances in Software Engineering and Knowledge Engineering, Singapore: World Scientific Publishing Company, 1993: 1-39.

[24] Garlan D, Perry D. E. Introduction to the Special Issue on Software Architecture [J]. IEEE Transactions on Software Engineering, 1995, 21 (4): 269-274.

[25] Godfrey M W, German D M. The past, present and future of software evolution [J]. In: Frontiers of Software Maintenance, 2008.

[26] Coulson G, et al. The design of a highly configurable and reconfigurable middleware platform [J]. ACM Distributed Computing, 2002, 15 (2): 109-126.

[27] Fokkink W. Introduction to Process Algebra [M]. New York: Springer-Verlag, 2007.

[28] Tianfield H. An Autonomic Framework for Quantitative Software Process Improvement [C]// Proceedings of IEEE International Conference on Industrial Informatics, IEEE Computer Society, Washington, DC, 2003: 446-450.

[29] Yang H, Ward M. Successful Evolution of Software System [M]. London. Artech House, 2003.

[30] Harel D, Pnueli A. On the development of reactive systems, in Logics and models of concurrent systems [J]. (La Colle-sur-Loup, 1984), vol. 13 of NATO Adv. Sci. Inst. Ser. F Computer. Systems Sci. , Springer-Verlag, Berlin, 1985: 477-498.

[31] Hoare CAR. Communicating Sequential Processes [J]. Communications of the ACM, 1978, 21 (8): 666-677.

[32] Hoare CAR. Communicating Sequential Process [M]. Prentice-Hall, 1985.

[33] Huhns M N, Singh M P. Service-oriented computing: Key concepts and principles [J]. IEEE Internet Computing, 2005, 9 (1): 75-81.

[34] ISO/IEC 15909-1 standard for software and system engineering-high level Petri Nets- part1: concepts, definitions and graphical notation [S].

[35] Jackson M. Problem Frames: Analyzing and Structuring Software Development Problems [M]. Addison-Wesley, 2001.

[36] Jeannette M W. A specifier's introduction to formal methods [J]. IEEE Computer, 1990, 23 (9): 8-24.

[37] Kang K C, Cohen S G, Hess J A, et al. Feature – Oriented domain analysis (FODA) feasibility study [R]. Technical Report, CMU/SEI‑90‑TR‑21, Pittsburgh: Software Engineering Institute, Carnegie Mellon University, 1990.

[38] Katrina Falkner, Henry Detmold, Diana Howard, et al. Unifying Static and Dynamic Approaches to Evolution through the Compliant Systems Architecture [C]//proceedings of the 37th Hawaii International Conference on System Sciences, HICSS'2004, 2004.

[39] Moazami – Goudarzi K. Consistency preserving dynamic reconfiguration of distributed systems [D]. Ph. D. thesis, London: Imperial College, 1999: 3.

[40] Kon F, Campbell R. Dependence Management in Component–Based Distributed Systems [J]. IEEE Concurrency, 2000, 8 (1): 26–36.

[41] Kruchten P B. The 4+1 view model of architecture [J]. IEEE Software, 1995, 12 (6): 42–50.

[42] Lehman M M. Laws of software evolution revisited [C]//Proceeding of the European Workshop on Software Process Technology. Namcy, 1996: 108–124.

[43] Lehman M M, Ramil J F, Wernick P D, et al. Metrics and laws of software evolution: The nineties view [C]// Proceeding of the 4th Intl Software Metrics Symposium, Albuquerque, NM, 1997.

[44] Linthicum D S. Cloud Computing and SOA Convergence in Your Enterprise: A Step–by–Step Guide [M]. Addison Wesley, 2010.

[45] Dmitriev M. Safe Class and Data Evolution in Large and Long–Lived Java Applications [D]. PDh thesis, University of Glasgow, 2001.

[46] Mei Hong, Zhang Wei, Zhao Haiyan. A Metamodel for Modeling System Features and Their Refinement, Constraint and Interaction Relationships [J]. Software and Systems Modeling, 2006, 5 (2): 172–186.

[47] Mens T, Buckley J, Zenger M, et al. Towards a Taxonomy of Software Evolution [C]//Proceeding of International Workshop on Unanticipated Software Evolution, Warsaw, Poland, 2003.

[48] Milner R. A Calculus of Communicating Systems [J]. Lecture Notes in Computer Science, Springer–Verlag, 1980, 92.

[49] Milner R. Calculi for synchrony and asynchrony [J]. Theoretical Computer Science, 1983, 25 (3): 267–310.

[50] Milner R. A complete axiomatisation for observational congruence of finite state behaviors [J]. Information and Computation, 1989, 81 (2): 227–247.

[51] Milner R. Communicating and Mobile Systems: the pi – calculus [M]. Cambridge University Press, 1999.

[52] Morieoni M, Qian X, Riemenschneider R. Correet architecture refinement [J]. IEEE Transactions on Software Engineering, 1995, 21 (4): 356–372.

[53] Oriol M. An Approach to the Dynamic Evolution of Software Systems [D]. PhD thesis, University de geneve (France), April. 2004.

[54] Murphy G C, Notkin D, Sullivan K. Software reflexion models: Bridging the gap between

source and high-level models ［C］// Proeeedings of SIGSOFT'95: Third ACM SIGSOFT Symposium on Foundations of Software Engineering, 18-28, Washington, DC, ACM Press. October, 1995.

［55］ Papazoglou M P, Traverso P, Dustdar S, et al. Service-oriented computing: State of the art and research challenges ［J］. Computer, 2007, 40 (11): 38-45.

［56］ Park D M R. Concurrency and automata on infinite sequences ［C］//Proc 5th GI Conference Lecture Notes in Computer Science, Springer, Berlin, 1981, 104: 167-183.

［57］ Costnaza P. Dynamic object replacement and implementation-only classes. The 6th International Workshop on Component-Oriented Programming ［C］. (WCOP2001) at ECOOP2001, Budapest, Hungary, June, 2001.

［58］ Perry D E, Alexander L W. Foundations for the study of software architecture ［J］. ACM SIGSOFT Software Engineering Notes, 1992, 17 (4): 40-52.

［59］ Petri C A. Kommunikation mit automaten. Institut fur Instrumentelle Mathematik ［D］. Schriften des IIM 2, Bonn, 1962.

［60］ Reisig W. Petri Nets: an introduction ［M］. Berlin: Springer-Verlag, 1985.

［61］ Pressman R S. Software Engineering: a Practitioner's Approach ［M］. Fifth Edition. New York: McGraw Hill, 2000.

［62］ Shaw M, DeLine R, Klein D V, et al. Abstractions for software architecture and tools to support them ［J］. IEEE Transactions on Software Engineering, (Special Issue on Software Architecture), 1995, 21 (4): 314-335.

［63］ Smith B C. Reflection and Semantics in a Procedural Language ［D］. Massachusetts Institute of Technology, 1982.

［64］ Soni D, Nord R L, Hofmeister C. Softwaer Architecture in Industrial Applications ［C］. ICSE 1995: 196-207.

［65］ Sprivery J. The Notation: A Reference Manual ［M］. Englewood Cliffs: Prentice Hall, 1989.

［66］ Szyperski C. Component Software: Beyond Object-Oriented Programming ［M］. Boston: Addison-Wesley/ACM Press, 1997.

［67］ Li Tong. An Approach to Modelling Software Evolution Processes ［M］. Berlin: Springer-Verlag, 2008.

［68］ Van Lamsweerde A. Goal-Oriented requirements engineering: A guided tour ［C］//Proc of the 5th IEEE Int'l Symp On Requirements Engineering. Washington: IEEE Computer Society, 2001: 249-263.

［69］ Yu E. Towards modeling and reasoning support for early-phase requirements engineering ［C］//Proc of the 3th IEEE Int'l Symp on Requirements Engineering (RE 1997). Washington: IEEE Computer Society, 1997: 226-235.

［70］ Zhang Wei, Mei Hong, Zhao Haiyan, et al. Transformation from CIM to PIM: A Feature-Oriented Component-Based Approach ［C］//Proceedings of the 8th International Conference on Model Driven Engineering Languages and Systems, Heidelberg: Springer Berlin, 2005: 248-263.

［71］ Zhang Wei, Mei Hong, Zhao Haiyan. A Feature-Oriented Approach to Modeling Requirements

Dependencies［C］//Proceedings of 13th IEEE International Conference on Requirements Engineering，Piscataway：IEEE Computer Society，2005：273-284.

［72］常志明，毛新军，齐治昌. 基于 Agent 的网构软件模型及其实现［J］. 软件学报，2008，19（5）：1113-1124.

［73］陈意云. 形式语义学基础［M］. 合肥：中国科学技术大学出版社，1990.

［74］陈意云，张昱. 程序设计语言理论［M］. 北京：高等教育出版社，2010.

［75］窦蕾. 面向构件的复杂软件系统中动态配置技术的研究［D］. 长沙：国防科学技术大学，2005.

［76］方木云，刘辉. 高级软件工程［M］. 北京：清华大学出版社，2011.

［77］冯冲，江贺，冯静芳. 软件体系结构理论与实践［M］. 北京：人民邮电出版社，2004.

［78］古天龙. 形式化方法及其工业应用：现状与展望［J］. 桂林：桂林电子工业学院学报，2000，20（4）.

［79］黄柳青，王满红. 构件中国：面向构件的方法与实践［M］. 北京：清华大学出版社，2006.

［80］黄罡，梅宏，杨芙清. 基于反射式中间件的运行时软件体系结构［J］. 中国科学 E 辑，2004，34（2）：121-138.

［81］何进，苏秦，高杰，李满园. 软件维护的系统模型［J］. 计算机应用研究，2005（1）：16-19.

［82］何克清，彭蓉，刘玮，等. 网络式软件［M］. 北京：科学出版社，2008.

［83］何克清，何飞，李兵，等. 面向服务的本体元建模理论与方法研究［J］. 计算机学报，2005，28（4）：524-533.

［84］胡海洋，马晓星，陶先平，吕建. 反射中间件的研究与进展［J］. 计算机学报，2005，28（9）：1407-1420.

［85］焦文品，史忠植. 用 XYZ/E 形式化体系结构风格［J］. 软件学报，2000，11（3）：410-415.

［86］金芝，刘璘，金英. 软件需求工程：原理和方法［M］. 北京：科学出版社，2008.

［87］李玉龙. 软件动态演化技术［J］. 计算机技术与发展. 2008，18（9）：83-86.

［88］李长云. 基于体系结构的软件动态演化研究［D］. 杭州：浙江大学计算机科学与技术学院，2005.

［89］李长云，李莹，吴健，等. 一个面向服务的支持动态演化的软件模型［J］. 计算机学报，2006，29（7）：1020-1028.

［90］李长云，李赣生，何频捷. 一种形式化的动态体系结构描述语言［J］. 软件学报，2006，17（6）：1349-1359.

［91］李长云，何频捷，等. 软件动态演化技术［M］. 北京：北京大学出版社，2007.

［92］李彤，孔兵，金钊，王黎霞. 软件并行开发过程［M］. 北京：科学出版社，2003.

［93］李未. 数理逻辑［M］. 北京：科学出版社，2008.

［94］刘冬云，梅宏. 从需求到软件体系结构：一种面向特征的映射方法［J］. 北京大学学报（自然科学版），2004，40（3）：372-378.

［95］刘奕明. 基于体系结构、特征驱动的软件动态演化方法研究［D］. 上海：复旦大学信息科学与工程学院，2008.

[96] 吕建，马晓星，陶先平，等．网构软件的研究与进展［J］．中国科学 E 辑：信息科学，2006，36：1037-1080.

[97] 卢萍．基于通信顺序进程的构件行为相关性研究［D］．昆明：云南大学软件学院，2011.

[98] 马晓星，余萍，陶先平，等．一种面向服务的动态协同架构及其支撑平台［J］．计算机学报，2005，28（4）：467-477.

[99] 梅宏，申峻嵘．软件体系结构研究进展［J］．软件学报，2006，17（6）：1257-1275.

[100] 梅宏，刘譞哲．互联网时代的软件技术：现状与趋势［J］．科学通报，2010，55（13）：1214-1220.

[101] 孙钟秀，费翔林，骆斌，谢立．操作系统教程［M］. 3 版．北京：高等教育出版社，2003.

[102] 覃征，刑剑宽，董金春，等．软件体系结构［M］. 2 版．北京：清华大学出版社，2008.

[103] 万建成，卢雷．软件体系结构的原理、组成与应用［M］．北京：科学出版社，2002.

[104] 王怀民，史佩昌，丁博，等．软件服务的在线演化［J］．计算机学报，2011，34（2）：318-328.

[105] 王炜．基于构件的软件系统动态演化研究［D］．昆明：云南大学软件学院，2009.

[106] 王映辉，刘瑜，王立福．基于不动点转移的 SA 动态演化模型［J］．计算机学报，2004，27（11）：1451-1456.

[107] 王元元．计算机科学中的逻辑学［M］．北京：科学出版社，1989.

[108] 王忠杰，徐晓飞，战德臣．基于特征的构件模型及其规范化设计过程［J］．软件学报，2006，17（1）：39-47.

[109] 王志坚，费玉奎，娄渊清．软件构件技术及其应用［M］．北京：科学出版社，2005.

[110] 毋国庆，梁正平，袁梦霆，等．软件需求工程［M］．北京：机械工业出版社，2008.

[111] 吴卿，殷昱煜．面向普适环境的自适应中间件模型与方法［M］．杭州：浙江大学出版社，2010.

[112] 吴哲辉．Petri 网导论［M］．北京：清华大学出版社，2006.

[113] 徐洪珍，曾国荪，陈波．软件体系结构动态演化的条件超图文法及分析［J］．软件学报，2011，22（6）：1210-1223.

[114] 徐家福．软件自动化［J］．计算机研究与发展，1988，25（11）：7-13.

[115] 杨芙清，梅宏，李克勤．软件复用与软件构件技术［J］．电子学报，1999，27（2）：68-75.

[116] 杨芙清，梅宏，吕建，等．浅论软件技术发展［J］．电子学报，2002，30：1901-1906.

[117] 杨芙清．软件工程技术发展思索［J］．软件学报，2005，16（1）：1-7.

[118] 余萍，马晓星，吕建，等．一种面向动态软件体系结构的在线演化方法［J］．软件学报，2006，17（6）：1360-1371.

[119] 袁崇义．Petri 网原理与应用［M］．北京：电子工业出版社，2005.

[120] 张帆，朱大勇，佘莉，等．软件开发技术［M］．北京：电子工业出版社，2009.

[121] 一种基于角色的特征模型构件化方法［J］．电子学报，2011，39（2）：304-308.

[122] 张伟, 梅宏. 一种面向特征的领域模型及其建模过程 [J]. 软件学报, 2003, 14 (8): 1345-1356.

[123] 赵会群, 孙晶. 面向服务的可信软件体系结构代数模型 [J]. 计算机学报, 2010, 33 (5): 318-328.

[124] 祝义, 黄志球, 周航, 等. 基于进程代数规约生成软件体系结构模型的方法 [J]. 计算机研究与发展, 2011, 48 (2): 241-250.